統計スポットライト・シリーズ 7

編集幹事 島谷健一郎・宮岡悦良

統計学再入門

科学哲学から探る統計思考の原点

森元良太 著

近代科学社

統計スポットライト・シリーズ
刊行の辞

　データを観る目やデータの分析への重要性が高まっている今日，統計手法の学習をする人がしばしば直面する問題として，次の3つが挙げられます.

1. 統計手法の中で使われている数学を用いた理論的側面
2. 実際のデータに対して計算を実行するためのソフトウェアの使い方
3. 数学や計算以前の，そもそもの統計学の考え方や発想

統計学の教科書は，どれもおおむね以上の3点を網羅していますが，逆にそのために個別の問題に対応している部分が限られ，また，分厚い書籍の中のどこでどの問題に触れているのか，初学者にわかりにくいものとなりがちです.

　この「統計スポットライト・シリーズ」の各巻では，3つの問題の中の特定の事項に絞り，その話題を論じていきます.

　1は，統計学（特に，数理統計学）の教科書ならば必ず書いてある事項ですが，統計学全般にわたる教科書では，えてして同じような説明，同じような流れになりがちです. 通常の教科書とは異なる切り口で，統計の中の特定の数学や理論的背景に着目して掘り下げていきます.

　2は，ともすれば答え（数値）を求めるためだけに計算ソフトウェアを使いがちですが，それは計算ソフトウェアの使い方として適切とは言えません. 実際のデータを統計解析するために計算ソフトウェアをどう使いこなすかを提示していきます.

　3は，データを手にしたとき最初にすべきこと，データ解析で意識しておくべきこと，結果を解釈するときに肝に銘じておきたいこと，その後の解析を見越したデータ収集，等々，統計解析に従事する上で必要とされる見方，考え方を紹介していきます.

一口にデータや統計といっても，それは自然科学，社会科学，人文科学に渡って広く利用されています．各研究者が主にどの分野に身を置くかや，どんなデータに携わってきたかにより，統計学に対する価値観や研究姿勢は大きく異なります．あるいは，データを扱う目的が，真理の発見や探求なのか，予測や実用目的かによっても異なってきます．

本シリーズはすべて，本文と右端の傍注という構成です．傍注には，本文の補足などに加え，研究者の間で意見が分かれるような，著者個人の主張や好みが混じることもあります．あるいは，最先端の手法であるが故に議論が分かれるものもあるかもしれません．

そうした統計解析に関する多様な考え方を知る中で，読者はそれぞれ自分に合うやり方や考え方をみつけ，それに準じたデータ解析を進めていくのが妥当なのではないでしょうか．統計学および統計研究者がはらむ多様性も，本シリーズの目指すところです．

編集委員　島谷健一郎・宮岡悦良

まえがき

　統計学はなんかよくわからない．そう感じている読者は多いだろう．私もその1人である．いやいや，数理統計学をマスターしたからわからないことはない，という読者もいるだろう．では，統計学の解析法を使ってデータから何らかの結論を引き出すときに，後ろめたさやモヤモヤ感を一切感じないだろうか．そうした人は少ないように思う．こうした「後ろめたさ」や「モヤモヤ感」は何に起因するのだろうか．本書はこれらの要因を探っていく．先にいっておくが，未来は明るいわけではない．後ろめたさやモヤモヤ感を完全に払拭することはできない（軽減されることは期待したい）．それが統計学の特徴だといってもよい．また，統計学のわからない点は本書だけで解消されるわけではない．実際のところ，統計学のわからない部分には，数学に関するものと数学以外のものがある．前者については，統計学のよい教科書にあたる必要がある．一方，統計学を使うときに抱く後ろめたさやモヤモヤ感の要因の大半は，数学以外の部分にある．本書が扱うのはこの後者の部分である．統計学を使うときに抱く後ろめたさやモヤモヤ感の要因を把握し，そうした感情をできる限り軽減し，そして統計学を使うときの思考法を理解してもらうことが本書の目標である．

　後ろめたさやモヤモヤ感を抱く統計学は実際に多くの混乱をもたらしている．統計学を使って結論を引き出した研究成果の追試をおこなってみても，どうもうまくいかない．しかもそれらは，苦労して得たデータをもとに帰無仮説の p 値を計算し，有意水準の 0.05 より小さくなり，学術誌に掲載されたものである．p 値を使った統計解析法への誤解や誤用に対して各所で警鐘が鳴らされたり，p 値の使用を禁止するような反応を示したりしている．

　統計学の誤解や誤用を招く要因は何だろう．数理統計学を習得していないことにあると答える人がいるだろう．数理統計学は統

計学の数学的な基礎を扱う分野であるが，一般的な統計利用者で数理統計学を学んだことがある人は多くないだろう．一般的な統計利用者が学んできた統計学の大半は，数理統計学で証明された結果である．なので，統計利用者はそうした結果を安心して統計学の解析法を利用できるのだが，なぜ安心して利用できるかは理解されないままになってしまう．

　また，統計学の誤解や誤用を招く要因として統計解析ソフトの発展を思い浮かべる人もいるだろう．もちろん，技術の発展は喜ばしいことであり，統計利用者の負担はかなり軽減され，これまでに計算が困難だったものまで処理できるようになった．データを統計解析ソフトに入力すれば，自動的に結果が出力される．その手軽さのおかげで，統計学は広く普及した．だが一方で，入力と出力のあいだの解析過程のブラックボックス化が進んでしまった．統計学の知識があまりなくても，データや関連事項さえ入力すれば，p 値や適切なサンプルサイズが自動的に出力される．解析過程を知らなくてもいいので，統計学を使うときに誤解や誤用が生じやすくなったのだろう．

　では，統計学を使う際に誤解や誤用を避けるためにはどうすればよいだろうか．統計解析ソフトのプログラムを読み解き，ブラックボックス化された解析過程を理解するのが王道であろう．そして，その解析過程の数学的基盤である数理統計学を学び，解析過程の数式の展開を追えるようになればよい．確かにそれは正論だが，一般的な統計利用者にはハードルが高いし，現実的にそうしたことに時間を割く余裕もないだろう．そこで，本書で提案したいのは「科学哲学」である．科学哲学という分野を初めて聞いた人がいるかもしれない．科学哲学とはごく簡単にいうと，科学の成果をもとに哲学の問題を解いたり，科学に内在する哲学的問題を解いたりする分野である．科学哲学の仕事に，概念を分析したり思考の枠組みを解き明かしたりすることがある．科学哲学から統計学を学びなおすことで，ブラックボックス化した中身について数式を極力使わずに説明できる（そのつもりだったが，数式がそこそこ登場してしまった）．考え方や概念を主軸に統計学を解きほぐすことで，数式やプログラムを学ぶハードルを取り除くことが期待できる．

　科学哲学から統計学を再入門するメリットは他にもある．統計

学の背後にある思考の枠組みまで掘り下げ，より深く統計学を理解することを可能にする．それゆえ，後ろめたさやモヤモヤ感の正体のいくつかを突き止められることが期待できる．また，科学哲学は論争の交通整理をしたりもする．統計学も過去のさまざまな論争のなかで培われてきた．科学哲学はそうした歴史の流れを確認しつつ，統計学を読み解くことを可能にする．

　そこで，まず第1章では，データから統計解析法を使って結論を引き出したときの後ろめたさを抱かせる要因を探る．そして，それが帰納という推論形式にあることを論じる．第2章では，帰納がもたらす後ろめたさへの対応策を紹介する．そこでは，哲学の議論が展開されるので，哲学の小難しい議論に興味ない読者は最初は軽く目を通すだけにして深入りせず，第3章に進んでも構わない．また，数式の展開が苦手な読者はその部分を読み飛ばしても構わない．本書を読破した後に，読み飛ばした部分に戻るという読み方でも，本書の大要を理解するにはそれほど支障はない．第3章では，統計学を使ったときに抱くモヤモヤ感の要因を探る．それは分布の捉え方にある．統計学を理解するには統計学の思考法に頭を切り替える必要がある．最後の第4章では，p値を用いる統計解析法，いわゆる帰無仮説有意性検定を使うときに抱くモヤモヤ感の要因に迫る．統計学の誤解や誤用でよく警鐘が鳴らされているのが，この検定理論である．今日の帰無仮説有意性検定のもとになった理論に，フィッシャー流の有意性検定とネイマン–ピアソン流の仮説検定がある．この2つの検定理論は大きく異なり，その相違点をめぐり激しい論争がかつて繰り広げられた．科学哲学は，論争の対立点を浮き彫りにし，相違点を生み出す根源を突き止めようとする．科学哲学という新たな視点から統計学を学びなおすことで，統計学の理解が深まることが期待できる．

　今日，統計解析法として，こうした検定理論の他に，情報量規準やベイズ統計学，機械学習などが注目を集めている．一方，統計学の入門書や講義の多くが検定理論を扱っており，そこでモヤモヤ感を抱いた人が多いと考え，第4章で検定理論を個別事例として詳しく検討することにした．また，本書は一般的な統計利用者，初等統計学で統計的な仮説検定まで学んだことのある方を読者として想定している（哲学者をあまり想定していない）．とはいっても，哲学や論理，さらには微積分まででてきてしまうので，本書

のすべてを理解するには多少の数理的な知識が必要になる．ただ，上でも述べたが，哲学の小難しい議論や数式の展開を好まない読者は，そうした箇所は読み飛ばしても構わない．また，本書は随所で統計学の先人たちの原典を参照している．近年の統計学の教科書で取り上げられているものもあるが，その多くは技術的な側面であり，先人たちの思想や概念についてはあまり解説されていない．そこで，先人たちの原典にさかのぼって考察する箇所を積極的に入れることにした．そうした部分に難儀するかもしれないが，最初は先人たちの思想を感じ取れれば十分と思って読み進めてほしい．本書が読者の統計学の理解の一助となることを願う．

2024 年 8 月
森元良太

目 次

まえがき iii

1 統計学を使うときに抱く後ろめたさ：帰納推論

1.1 統計学的推論の中核は帰納 1
   1.1.1 演繹推論と帰納推論 2
   1.1.2 科学における演繹推論 5
   1.1.3 統計学の始まりは一般化と予測 6
   1.1.4 統計学的推論の中核は帰納 11
1.2 帰納の諸問題 16
   1.2.1 帰納の問題：ヒュームの懐疑 17
   1.2.2 帰納の新しい謎：グルーのパラドックス . . 22

2 帰納がもたらす後ろめたさへの対応策

2.1 ポパーの反証主義による対応策 29
   2.1.1 反証と検証の非対称性 29
   2.1.2 ポパーの反証主義 31
   2.1.3 反証可能性の基準を使ってみる 32
2.2 ベイズ主義による対応策 34
   2.2.1 ベイズの定理とベイズ主義 34
   2.2.2 ベイズの論文をひも解く 40
   2.2.3 ヒュームの懐疑へのベイズ主義的対応策 . . 45

3 統計思考にまつわるモヤモヤ感：誤差論的思考と集団 的思考

3.1 アリストテレスの自然状態モデル 53

viii 目 次

3.2 誤差論的思考 57

    3.2.1 ガウスの功績 58

    3.2.2 ガウス–ラプラスの統合 64

    3.2.3 ケトレーによる誤差分布の社会現象への援用 66

3.3 集団的思考 75

    3.3.1 ダーウィンの変異モデル 75

    3.3.2 集団的思考 79

    3.3.3 正規分布から歪んだ分布，そして標本と母
        集団の区別へ 87

4 帰無仮説有意性検定を使うときに抱くモヤモヤ感：有意性検定と仮説検定

4.1 検定理論の繰り返される誤解と誤用 97

    4.1.1 超能力の実験結果が学会誌に掲載される . 98

    4.1.2 再現性の問題 100

    4.1.3 誤解・誤用を招く犯人は誰だ 102

4.2 フィッシャー流の有意性検定 103

    4.2.1 p 値 104

    4.2.2 帰無仮説 107

    4.2.3 設ける仮説は 1 つだけ 109

    4.2.4 フィッシャーが有意水準を 0.05 とした背景 110

    4.2.5 ランダム化 115

    4.2.6 フィッシャーの有意水準の考え方の変化 . 118

4.3 ネイマン–ピアソン流の仮説検定 122

    4.3.1 仮説の採択も認める 123

    4.3.2 保留という第三の選択肢 124

    4.3.3 対立仮説の導入 126

    4.3.4 2 種類の過誤 128

    4.3.5 帰無仮説の棄却は対立仮説の採択と同じだ
        ろうか 131

    4.3.6 なぜ第 I 種の過誤は第 II 種の過誤よりも重
        大なのか 136

    4.3.7 ネイマン–ピアソンの補題 138

    4.3.8 ネイマン–ピアソン流の仮説検定 142

4.4 フィッシャー流の有意性検定とネイマン–ピアソン
流の仮説検定の違い 144
  4.4.1 検定についての考え方 145
  4.4.2 仮説についての判断 148
  4.4.3 対立仮説の設定 150
  4.4.4 母集団からの抽出についての考え方 . . . 151
  4.4.5 有意水準の解釈 154
  4.4.6 フィッシャー，ネイマン，ピアソンの科学
       哲学の違い 155
  4.4.7 混成理論 160

あとがき 166

参考文献   169

索　引   179

1 統計学を使うときに抱く後ろめたさ：帰納推論

あなたは統計解析をおこなったとき，納得して結論を引き出せているだろうか．結論は確実に引き出せているだろうか．その結論は100%正しいだろうか．あるいは，その結論を正しいと確信しているだろうか．**後ろめたさ**を感じたりする人は少なくないだろう．「科学哲学」なんて堅苦しい言葉が副題に入っているような本書を手にした読者は，とくにその傾向が強いかもしれない．本書がその後ろめたさを解消すると期待している読者もいるだろう．しかし，残念ながらその期待に沿うことはできない．むしろ，本書でいいたいのは，後ろめたさをもち続けることが大切だということだ．まず本章では，統計学における帰納推論に関わる後ろめたさについて取り上げる．

1.1 統計学的推論の中核は帰納

統計学を用いるのは，データから何かを主張したいからである．では，何かを主張するにはどうすればよいだろうか．一般的にいうと，**推論**をおこなえばよい．推論は，前提から結論を引き出すことである．統計学を用いる推論の場合，データや仮説（モデル）などが前提にあたり，統計的な手続きに従って結論が引き出される．統計学を用いる推論の結論は，母集団の平均や分散の推定，仮説（モデル）のパラメータの推定値やその分布，仮説を棄却するかどうかの判断，マーケティングなどでの意思決定だったりする．本章では，推論の観点から統計学を検討し，統計学を用いても正しく結論が引き出せるとは限らないことを示す．統計学を使うときの後ろめたさの本性を理解してもらうことが本章の目的である．

推論：inference

1.1.1 演繹推論と帰納推論

推論には大きく分けて演繹と帰納がある．**演繹**は，前提が正しければ結論が必ず正しくなる推論である[1]．たとえば，「人間はみな死ぬ」と「ソクラテスは人間である」という前提から，「ソクラテスは死ぬ」という結論が引き出される[2]．演繹は，一般的な事柄から個別の事柄を引き出すときに用いられたりする．この例では，人間一般に関する前提から，ソクラテスという個別の人間に関する結論を引き出している．また，演繹は推論の規則がよくわかっており，その推論規則に従えば，前提から結論を飛躍なしで正しく導出できる．たとえば，図 1.1 のように，「A であるならば，B である」と「A である」という前提から，「B である」という結論が引き出される推論がある．これはラテン語で「**モードゥス・ポネンス**」と呼ばれる規則を表している．また，「A であるならば，B である」と「B でない」という前提から，「A でない」という結論が引き出される推論があり，これには「**モードゥス・トレンス**」と呼ばれる演繹の規則が用いられている．これらの規則を用いると，前提が正しければ必ず正しい結論が引き出される．

【モードゥス・ポネンス】

A であるならば，B である.
A である.
──────────────
B である.

【モードゥス・トレンス】

A であるならば，B である.
B でない.
──────────────
A でない.

図 1.1 演繹の規則．棒線の上が前提，下が結論にあたる．本書における推論の図はすべてこの意味である.

ここで，「正しい」という言葉には複数の意味があることに注意しよう．上で述べた正しさは，前提から結論を引き出すときの導出の正しさを表し，論理学では**妥当**という．また，前提から結論の導出が誤っていたら**妥当でない**という．「正しい」には他にも意味がある．前提や結論の文の内容の正しさと，前提から結論を引き出すときの導出の正しさは異なる．文の内容の正しさは**真**といい，文の内容が誤っていたら**偽**という．上の例では，2 つの前提は真であり，かつ前提から結論を引き出すときの導出は妥当である．一方，「すべての哺乳類は胎生である」と「カモノハシは哺乳

演繹：deduction

[1] 演繹のこうした特徴付けは，現代的なものである．かつてはアリストテレスの三段論法をもとに，一般的な事柄から個別的な事柄を引き出す推論として特徴付けられていた．だが，記号論理学の登場以降，A という前提から A という結論を引き出す推論のように，一般的と個別的の区別があまり意味をなさない推論もたくさんあることが示されたため，演繹の定義が変わった [伊勢田 2018].

[2] いきなりソクラテスが登場し，しかも死ぬなどと縁起の悪い例が登場したが，これは哲学ではおなじみの例である.

モードゥス・ポネンス：Modus Ponens

モードゥス・トレンス：Modus Tollens

妥当：valid

妥当でない：invalid

真：true

偽：false

類である」という前提から，「カモノハシは胎生である」という結論を導出する推論は妥当ではある．しかし，カモノハシのように胎生でなく卵生の哺乳類もいるので，「すべての哺乳類は胎生である」という1つ目の前提は偽である．つまり，この推論の導出は正しいが，1つ目の前提の内容に誤りがあり，それゆえ結論の内容も誤りとなる．前提の内容が真であり，かつ前提から結論への導出が妥当であることが望ましい．この場合の正しさを**健全**という．まとめると，図1.2のように，「正しい」という言葉には妥当，真，健全という少なくとも3つの意味がある．ここでは，推論が妥当であることと，文が真であることの違いを理解しておこう．

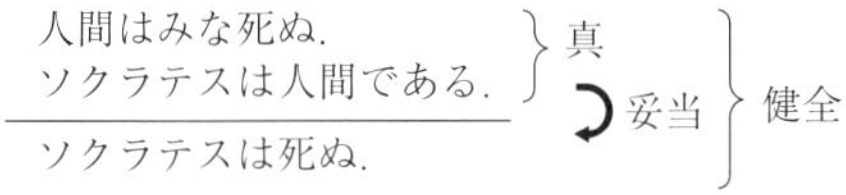

健全：sound

図 1.2 「正しい」の3つの意味

演繹以外の推論形式に**帰納**がある．帰納は広い意味では演繹以外の推論のことである．狭い意味では，個別の事例から一般的な事柄を引き出したり，過去の事例から未来に関する事柄を引き出したりする推論を指す[3]．狭い意味での帰納は，図1.3(a)のように，これまで見たハクチョウは白かったという前提から，次に見るハクチョウは白いという結論を引き出すときに用いられる[4]．これは過去の事柄から未来の事柄を**予測**している．また，これまで見たハクチョウが白かったという同じ前提から，すべてのハクチョウは白いという結論を引き出すときにも用いられる．これは個別の事柄から一般的な事柄を引き出す**一般化**である．さらに，図1.3(b)のように，温度と体積のデータをプロットして，そこから何らかの直線ないし曲線を引くことも一般化である．図1.3(b)では，わずか8つのデータから直線を引いているが，この直線はすべての温度についてどのような体積の値になるかを示しており，温度と体積の一般化された関係を表してる．ここでは，前提は点で表された8つのデータで，結論は直線で表された温度と体積の関係である．このように，帰納は予測や一般化をするときに用いられる．統計学において**標本**[5]から**母集団**を推測するときは，個別の事柄から一般的な事柄を引き出しているので，帰納による一般化にあ

帰納：induction

[3] 狭い意味での帰納でなく，演繹でもない推論に，アブダクション (abduction) や類推 (analogy) などがある．アブダクションは，新しい仮説を生み出すときの推論として提唱された．仮説が複数あるなかで最もデータを説明する仮説をよいとする推論をアブダクションと呼んだりもする．後者の意味のアブダクションを，最善の説明のための推論 (inference to the best explanation) と呼ぶ．また，類推は，A にある性質が備わっていて，A と B が似ていることから，B にもその性質が備わっていると結論付ける推論である．

[4] 生物学者はこんな推論をまずしないが，推論自体は帰納である．

予測：prediction
一般化：generalization

[5] 標本 (sample) は文脈によって，データと呼んだりする．

たる．データから回帰直線や回帰曲線を求めるときの推論も，帰納による一般化である．

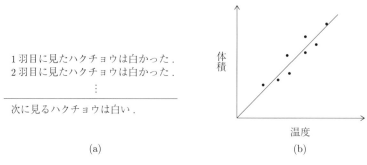

図 1.3　帰納推論の例：予測と一般化

しかし，帰納を用いる場合，前提が正しくても結論が**必ずしも正しくなるわけではない**．図 1.3(a) のように，これまでに見たハクチョウがすべて白かったという過去のデータから，次に見るハクチョウも白いという未来の事柄を予測するのが帰納であった．いくら過去のデータを集めても，次に見るハクチョウは白くない場合がある．もしかしたら次に見るハクチョウは黒いかもしれない．実際，ハクチョウ属のコクチョウという種の親鳥は図 1.4 のように黒い羽毛におおわれており，過去に観察したハクチョウがたまたますべて白かったとしても，次に観察するのがコクチョウの親鳥であれば，前提が正しくても，次に見るハクチョウは白いという結論は誤りとなる．このことは，演繹とは異なる，帰納の特徴である．

　一方，演繹には「真理保存性」という特徴があり，前提の正しさが結論に保存される．だが，このことは，結論に**前提以上の内容が含まれない**という負の側面を示している．それに対し，帰納によって引き出された結論には，**前提以上の内容が含まれる**．その大胆さゆえに予測や一般化を可能とするが，前提が正しくても結論が誤る可能性がある．なお，帰納には，こうした問題以外に，より根元的な問題もある．そうした問題については 1.2 節で詳しく説明する．

図 1.4　コクチョウ．手前の白い 2 羽はコクチョウの雛鳥，後ろの黒い 1 羽はコクチョウの親鳥である．コクチョウはハクチョウ属であるが，親鳥の羽毛は黒い．

1.1.2　科学における演繹推論

　物理学における推論では演繹がよく用いられる．たとえば，ニュートン力学の法則を用いて物体の運動を計算したり，実験でその計算結果からニュートン力学の法則の正しさを検証したりするとき，統計学を用いる際の後ろめたさを感じることはあまりないだろう[6]．ニュートン力学の第二法則によると，物体の加速度 α は物体にはたらく力 F に比例し，質量 m に反比例し，$F = m\alpha$ で表される．この法則を用いると，物体の運動を計算することができる．自由落下[7]するリンゴの運動は，ある時点において物体にはたらく力と質量がわかれば，そのデータをニュートンの法則に代入すると，別の時点における物体の状態が結論として導出される．たとえば，0.4 kg のリンゴを地面からの高さが 10 m の位置から自由落下させたときに地面に着地するまでの時間 T を求めてみよう．重力加速度 g の大きさを $9.8 \, \mathrm{m/s^2}$ とし，図 1.5 のように鉛直下向きを正とする．空気抵抗は無視できるものとすると，リンゴにはたらく力は重力 mg のみになるので，ニュートンの法則に代入すれば，$m\alpha = mg$ より，加速度 α は $g = 9.8 \, \mathrm{m/s^2}$ であることが求まる．これは加速度が $9.8 \, \mathrm{m/s^2}$ の等加速度運動であり，最初の位置を $x_0 = 0$，初速度 $v_0 = 0$ とすると，変位の式は $x = x_0 + v_0 t + \frac{1}{2}\alpha t^2 = \frac{1}{2}\alpha t^2$ となるので，T 秒後の変位 $x = 10$,

[6] ここで「一切ない」という全否定ではなく，「あまりない」という表現にしているのは，ニュートン力学などの物理学でも統計学が必要となるからである．これについては 3.2 節で述べる．

[7] 自由落下とは，物体が空気の抵抗や摩擦などの影響を受けずに，重力のみを受けて鉛直方向に落下する運動である．

加速度 $a = 9.8$ より, $10 = \frac{1}{2} \times 9.8 \times T^2$ となる. よって, $T \approx 1.4$ が求まり, リンゴは約 1.4 秒後に着地することがわかる.

図 1.5　演繹推論の例：自由落下の計算

この計算では演繹が用いられている. 後ろめたさを感じない大きな理由は演繹を用いることにある.

1.1.3　統計学の始まりは一般化と予測

統計学はその端緒から，**一般化**や**予測**のために用いられており，帰納が推論の中核を担っていた. 統計学は都市や国家の状態に関する組織的な研究として始まる. 1662 年にイギリスの商人ジョン・グラントは統計を利用した最初の著作『死亡表に関する自然的および政治的諸観察』を出版する.

(a) ジョン・グラント　　(b)『死亡表に関する自然的および政治的諸観察』

図 1.6　ジョン・グラントと『死亡表に関する自然的および政治的諸観察』

グラントは，統計表を利用してロンドン市の人口を推定した. 当時, 土地と耕作地が課税の基準であったため, 人口に関するデータは重要視されていなかった. しかし, グラントは人口データが

重要であることを理解していたので，ロンドン市の人口の**推定**を試みた．つまり，標本という個別のデータから母集団という全体を**一般化**した．この推論は 1.1.1 項で述べた**帰納**である．

　グラントは次の手順で推定をおこなう．まず，妊娠適齢期の女性が 2 年間に出産するのはせいぜい 1 人なので，妊娠適齢期の女性の人数は 1 年間の出生数の 2 倍にあたると考えた．次に，当時の統計表によると出生数は約 12,000 人であると考えられたので，妊娠適齢期の女性の人数は 24,000 人と推計される．ロンドン市は 1603 年から週ごとの洗礼を施した子どもの人数を集計していた．洗礼の数は大まかな出生数を示しいていた[8]．そして，グラントは家庭をもつ女性は 16 歳[9]から 76 歳までであると考え，妊娠適齢期の 16 歳から 40 歳までのおおよそ 2 倍にあたるので，家庭をもつ女性の人数が 24,000 人の 2 倍の 48,000 人であることを算出した．この数がロンドンの家族数にあたる．最後に，当時の一家族の平均人数が約 8 人[10]だったので，ロンドン市の総人口は 48,000 人の 8 倍の約 384,000 人であると推定した [Graunt 1662, Ch.XI, 4]．

　さらに，グラントはこの 48,000 世帯という家族数の推定値を正当化するために，別の 2 つの方法で家族数を推定する．1 つは，教区から直接に標本抽出する方法である．グラントはいくつかの教区を調べ，1 年間に 11 家族のうち 3 家族が亡くなることがわかった．当時のロンドン市の年間の埋葬数が 13,000 人であることはわかっていたので，家族数は $13,000 \times \frac{11}{3} \fallingdotseq 47,667$ 世帯と推定され，約 48,000 世帯と算出される [Graunt 1662, Ch.XI, 5]．

　もう 1 つの正当化の方法は，居住地域と住宅密度から推論する方法である．グラントは地図をもとにロンドン市内にあるロンドン・ウォール[11]の居住地域を調べ，10,000 平方ヤードあたり約 54 世帯が住んでいることを概算する．そして，グラントは地図をもとにロンドン・ウォールの面積を測ると，10,000 平方ヤードの区画が 220 個分に相当していたので，ロンドン・ウォール内に $54 \times 220 = 11,880$ 世帯の家族が居住していると推計する．ロンドン・ウォール内の居住地区はロンドン市全体の約 1/4 なので，ロンドン市の総世帯数は $11,880 \times 4 = 47,520$ 世帯と推定される [Graunt 1662, XI. 7]．

　このように，統計表の限られた一部のデータからロンドン市の

[8] ただし，当時のイギリスでは，非国教徒やカトリック教徒は洗礼を受けなかったので，洗礼の数がそのまま出生数に対応するわけではない [ハッキング 2013, p177]．

[9] グラントは 16 歳を妊娠可能な最少年齢と考えたのであろう．

[10] グラントは，夫婦 2 名と子ども 3 名に加え，使用人 3 名も一家族の人数に入れている．

[11] 紀元前 2 世紀ごろにローマ人によりつくられた防御壁であり，その後 18 世紀まで維持された地域である．

全世帯数を推定し，さらにその推定値を別の統計データから異なる方法で推定することによって自身の推定値を正当化している．グラントの算出した推定値は，ロンドン市の人口は 200 万人だという当時流布していた見解を覆したものの，信頼できる値ではなかった．グラントはロンドン市の人口の全数調査をおこなったわけではなく，限られた一部のデータからロンドン市全体の人口を推論しており，これは個別の事柄から一般的な事柄を引き出す一般化という**帰納推論**である．また，複数の方法で正当化を試みているが，いずれも帰納による一般化であるので，グラントの算出した推定値は誤りうる[12]．

　それでも，グラントは統計データの重要性を理解して利用した最初の人物であった．ドイツの牧師で最初の人口統計学者の 1 人であるヨハン・ペーター・ジュースミルヒは，グラントを次のように評価している．「必要だったのは，古くからよく知られている報告書を誰よりも深く分析しようとするコロンブスのような人物だけであった．そのコロンブスがグラントであった」[Süssmilch 1741, p. 18]．グラントが統計の価値を明らかにすると，ヨーロッパの主要都市はロンドンを手本にするようになり，統計データが増えていった．ジュースミルヒもグラントに倣って，教区の記録などを調べ上げた．こうしたグラントの業績は「人口統計学」の源流とされている．

[12] グラントの推定値が誤っているのは帰納の特性によるだけでなく，前提が誤っていることにもよる．たとえば，注 8 で指摘したように，出生数は洗礼した人数としているが，洗礼の数によって出生数が正しく測れているわけではない．また，記録をとる調査者の質には教区によってむらがあり，洗礼数自体が正しいわけでもなかった [ハッキング 2013, p. 177]．

COLUMN 1.1

政治算術

　グラントの功績は母集団の推定にとどまらず，友人の医師で経済学者のウィリアム・ペティとともにデータをもとに社会や経済を解析する「政治算術」も生み出した．ペティはグラントの『死亡表に関する自然的および政治的諸観察』の構成に手を貸したとされている．ちなみに，ペティはのちのカール・マルクスに「経済学の父」と称された人物である．

　グラントは，統計表に基づいて，ロンドン市は貧民であふれているが，そのうち餓死する人はほとんどいないことを突き止めた．貧民は国から食料が供給されているので，職に就かせるべきではないとした．理由は，貧民の作る製品は質が悪いので，貧民を職に就かせると，イギリスの貿易がオランダに奪われてしまうというもので

あった．それゆえグラントは，国家が追加費用を負担せずに，国民が貧民に食料を供給する救貧法の政策を支持した [Graunt 1662, pp. 27–31]．当時，救貧法自体は新しくはなかったが，ロンドン市が貧民であふれているが餓死する人がほとんどいないことを統計表から読み解き，それをもとに政策を組み立てる論法が新しかった [ハッキング 2013, p. 178]．

グラントは 1662 年の『死亡表に関する自然的および政治的諸観察』のなかで，ある年齢やある年代の人が今後何歳まで生きるかを表す「平均余命 (life expectation)」という**期待値**を年代ごとに求めている．期待値とは得られる結果の期待される値のことであり，未来を予測した値である．当時のロンドン市の記録には，死亡原因は掲載されていたが，死亡年齢は載っていなかった．そこで，グラントは死亡年齢の期待値を求めて図 1.7 の死亡表を作成した．

期待値：expectation

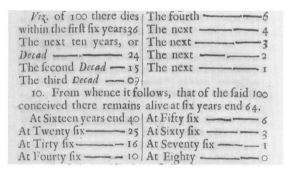

図 **1.7** グラントの生命表 [Graunt 1662, XI. 9–10]．100 人中，6 歳までに 36 人死亡するので，6 歳の生存者は 64 人となる．上段の表は，6 歳以降，10 年ごとの死亡者数を表し，下段の表は生存者数を表す．6 歳以降，16 歳，26 歳と 10 年ごとの死亡者数と生存者数を 76 歳まで表し，80 歳で生存者数は 0 人になっている．

グラントはこの表を作成するのに，まず 6 歳までに死亡する子どもの割合を求めた．ロンドン市の記録から，口腔カンジダ症や熱性けいれんといった 4〜5 歳までの子どもに罹る病気によって，20 年間に 229,250 人中 71,124 人が亡くなることがわかった [Graunt 1662, II. 12]．また，グラントは，天然痘や豚痘などの伝染病で死亡する人の半分の 12,210 人が 6 歳までに亡くなると仮

定する [Graunt 1662, II. 13]．すると，6歳までに死亡する子ども
は $71,124 + 12,210 = 83,334$ 人で，その割合は全体 229,250 人
のうち約36%となる．つまり，6歳までに死亡するのは100人中
約36人となる．さらに，グラントは76歳まで生きられる人が1
人ぐらいしかいないという情報を得ていた．これらのことから，6
歳以降の各10年間に何人死亡するかという平均余命を計算する．

　グラントは，6歳以降の死亡率を一様と仮定して[13]，6歳以降の10
年間ごとの死亡率を p とした[14]．グラントは，6歳までに死亡する
のは100人中36人で，76歳まで生きられる人が1人という情報をも
とに，死亡率 p を求める．6歳のときの人口を N とすると，16歳ま
での最初の10年を生存する人数は $N(1-p)$ となる．26歳までの
次の10年を生存する人数は，$N(1-p) - pN(1-p) = N(1-p)^2$
となる．6歳から76歳までに10年が7回あるので，76歳で生
存している人数は $N(1-p)^7$ となる．0歳の人口を100人とする
と，6歳のときの人口は64人となり，76歳で生存している人数は
1人なので，$64(1-p)^7 = 1$ という方程式を解けば，死亡率 p が
求まる．ただしグラントは，生存者数が非負の整数にしかならな
いので，10年ごとの生存者数を四捨五入して整数になるようにし
て，p を求めている [ハッキング 2013, pp. 181–182][15]．すると，p
は約 $\frac{3}{8}$ となる．図1.7の下段は，6歳以降，生存者数に $1 - p = \frac{5}{8}$
をかけて四捨五入した人数になっている．

　グラントの死亡表は有名であり，その後年金の計算に用いられ
る．グラントは著作をクリスチャン・ホイヘンスに送ったが，クリ
スチャンは称賛の念を表すだけであった．一方，弟のルートヴィ
ヒ・ホイヘンスはグラントの著作が年金額の設定に役立つと考え
た．そして，兄のクリスチャンに次の手紙を送っている．「私は最
近，あらゆる年齢の人の余命の表を作成しました．それは，死亡表
に関するイギリスの本［グラントの著作］の表から導出したもの
です．（中略）この計算結果は興味深く，終身年金の設定に役立つ
でしょう．問題は，新しく命を宿した子どもが自然の流れで何歳
まで生きるはずかというものです」[Huygens 1669, correspondence
No. 1755]．この問題について，ホイヘンス兄弟の手紙のやりとり
はしばらく続き，兄のクリスチャンは弟に刺激を受けて，年金の
問題に取り組んだ [ハッキング 2013, pp. 167–170]．

　また，グラントの友人ウィリアム・ペティはグラントの死亡表

[13] 哲学者のデイヴィ
ッド・ヒュームによる
と，一様性を仮定する
ことは帰納推論の大前
提である．そして，こ
の仮定は深刻な問題を
もたらす．これについ
ては，1.2.1項で扱う．

[14] この死亡率も期待
値である．

[15] 生存者数を四捨
五入して整数になる
ように補正するため，
$64(1-p)^7 = 1$ を
そのまま解いて求める
p の値とは異なる．

を洗練させようとした．それにはデータを集める必要があり，国家に中央統計局を創設するよう訴えた．ペティは統計局が国家に公正な年金システムをもたらすことを期待した．

このように，17世紀半ばには国家の状態に関する調査として統計表が作成されたり，その表が利用されたりしていた．そこでは，限られた一部の標本データから市全体という母集団の人口を推定する**一般化**がおこなわれた．また，出生や死亡，土地などの情報がまとめられた統計表をもとに，平均余命という期待値を計算し，未来を**予測**する推定もおこなわれた．統計学は一般化や予測をするために始まったのである．

ちなみに，日本語の「統計学」は英語のstatisticsにあたり，stateに関する学問分野を意味する．英語のstateは，「国家」や「状態」を意味する言葉であるので，統計学はもともと**国家の状態**に関する分野であった．統計学はドイツ語のStatistikに由来する．Statistikという用語を最初に用いたのは，ドイツの歴史学者で法学者のゴットフリート・アッヘンヴァルである．アッヘンヴァルは1748年に要説「ヨーロッパ諸国の国状学序論 (*Vorbereitung zur Staatswissenschaft der heutigen fürnehmsten europäischen Reiche und Staaten worinnen derselben eigentlichen Begriff und Umfang in einer bequemen Ordnung entwirft und seine Vorlesungen darüber ankündiget)*」，翌1749年に著作『ヨーロッパの重要諸国家の最新国状学概要 (*Abriß der neuesten Staatswissenschaft der vornehmsten Europäischen Reiche und Republicken zum Gebrauch in seinen Academischen Vorlesungen)*』を出版した．どちらのタイトルにも「Staatswissenschaft」という国家の状態の学問を意味する言葉が含まれている．1749年の著作の序文で，「統計 (Statistik)」という用語を個々の国家の状態に関する学問と説明している．統計学は当初，国家の状態に関する学問を意味し，統計表などの数字の収集や分析を意味していなかった．だがその後，地理，気候，政治，経済，農業，貿易，人口，文化といった，かなり広範な領域を引き継ぎ，数字を扱う分野へと発展していった [ポーター 1995, pp. 25–28].

1.1.4 統計学的推論の中核は帰納

20世紀になると，統計学は数理統計学という数学的な基盤に支

012 | 1 統計学を使うときに抱く後ろめたさ：帰納推論

えられることになる．統計学における推論がすべて演繹であれば，
論理的に正しく結論を引き出せる．たとえば，数理統計学の教科
書には，大数の法則や中心極限定理の証明，正規分布やポアソン
分布などの確率分布のパラメータの推定量が一致性や有効性[16]を
満たすことの証明が載っている．また，有意水準が同じときに検
出力が最も大きくなるように棄却域を設定する検定が存在するこ
との証明もよくみられる[17]．数理統計学では，公理や定義から演
繹によって定理が証明される．それゆえ，統計学を用いる推論は
すべて演繹だと思いたくなるかもしれない．

16) 一致性や有効性は
3.3.3 項で説明する．

17) この証明は 4.3.7
項でおこなう．また，
検出力は 4.3.7 項，棄
却域は 4.2.4 項で説明
する．

　しかし，統計学を用いる推論の中核的な役割は依然として**帰納**
が担っている．そのため，前提が正しくても，結論が 100%正しく
なるわけではない．前提にあたる標本（データ）が正確だとして
も，そのデータから母集団のパラメータの値を 100%正しく求めら
れるわけではない．正確なデータから母集団のパラメータの値を
誤って推定してしまうことはある．また，同じ母集団から再度標
本をとると，推定された母集団のパラメータの値が異なることも
よくある．標本からは 100%正しい値を推定できるわけではない
し，入手したデータを生成したモデルを 100%正しく確定するこ
ともできない．演繹であれば，前提が正しければ結論は 100%正
しくなるが，統計学を用いる推論はそうなってはいない．統計学
を用いる推論の中核は帰納であるので，前提にあたるデータが正
確だとしても，結論は**必ずしも正しくならない**のである．統計学
を用いて結論を引き出しても，**後ろめたさ**を感じてしまう要因の
1 つがこれである．統計学を用いる推論がニュートン力学のよう
な演繹科学とは異なる点に注意しよう．

　統計学を用いる推論が帰納であるということは，近代統計学の礎
を築いたロナルド・フィッシャーも強調している．フィッシャー
は 1935 年の論文「帰納推論の論理」のなかで次のように述べて
いる．

　　じきじきに招待をいただき，私が一層強く抱くようになった持論
　　を展開する機会が与えられた．すなわち，この 15 年のあいだの数
　　理統計学研究者全体によるきわめて重要な成果は基本的に，数学
　　的な考えよりも論理学的な考えの再構築である．とはいっても，
　　数学的問題の解決は本質的にこの再構築に役立ってきた．（中略）

実際，数字の意味を理解するという難しい作業にいつも従事している人はみな，個別的な事柄から一般的な事柄を推論しようとしている点で，帰納と呼ばれる種類の論理の過程に挑んでいる．つまり，統計学でいうところの標本から母集団を推論しているのである [Fisher 1935b, p. 39].

フィッシャーにとって，統計学は数学的というより論理学的である．ここでの「数学的」とは，公理や定義から定理を証明する演繹的体系のことを指す．また，フィッシャーのいう「論理学的な考えの再構築」は，演繹ではなく帰納の再構築のことである．つまり，20世紀から発展した数理統計学は帰納を再構築しているといいたいのである．標本から母集団を推論することは，個別的事柄から一般的事柄を推論することであり，まさに帰納推論である．

図 1.8　ロナルド・フィッシャー

また，演繹と帰納の対比について，フィッシャーは1955年の論文「統計学的手法と科学的帰納」のなかで次のように述べる．

> 論理学者が「帰納推理」や「帰納推論」という用語を導入するときにはっきりいいたいのは，形式論理学の伝統的な演繹推理によって与えられる完全な説明の過程からある程度はずれた心の過程を語っていることである．演繹推理はとりわけ本質的に新しい知識をもたらすのではなく，受け入れられた公理的基礎から引き出されるものを明らかにしたりはっきりさせたりするだけである．理想としては，演繹推理は機械的に進められるべきであろう．［一

方，] 帰納推理の役割は，観察データと結びついて，現在の理論的知識に新たな要素を加えるのに使用されることである．そうした過程は存在して，普通の人には実現可能であったということが，何世紀ものあいだ理解はされていた．そして，統計科学の最近の発展によってようやく，少なくとも演繹の過程によって伝統的に与えられていたのと同じぐらい納得のいく完全な分析的説明がいまや［帰納推理にも］与えられたのである [Fisher 1955, p. 74].

演繹には 1.1.1 項の最後で述べたように，**真理保存性**という特徴がある．演繹では，前提の真理が結論に保存されるのだが，結論に前提以上の内容が含まれないので，新しい知識をもたらさない．しかし，科学が発展するには観察データから**新しい知識**を生み出す必要があり，それには演繹ではなく帰納が重要な役割を担う．そして，統計科学の発展によって，帰納にも演繹並みの説明が与えられるようになった．これがフィッシャーのいいたいことである[18]．

　さらに，フィッシャーは演繹に固執してきた科学の慣習がデータに基づく帰納の発展を妨げてきたとまでいっている．

　　経験的観察に基づく帰納推理の目的は，その観察結果が引き出されたもとのシステムの理解を高めることである．今世紀［20 世紀半ばまで］のあいだにこのタイプの推理の適切な数学的形式は，統計学的方法が科学的データに広く適用され，実験計画法の原理の理解が増すにつれて明らかになっていった．乗り越えねばならなかった障壁の 1 つは，演繹推理にしかあてはまらない慣習や先入観を帰納的思考に押し付けようとしてしまう傾向である [Fisher 1956, pp. 108–109].

フィッシャーは，統計学的方法がデータに広く適用されることで，帰納推論の数学的形式が明らかになったと述べている．しかし，当たり前のことだが，演繹と帰納は異なる．数理統計学が発展しても，統計学の中核は帰納であり，演繹に変わったわけではなく，帰納に伴う後ろめたさは残ったままである．しかし，逆にいうと，帰納であるがゆえに，統計学を用いるとデータから**新しい知識**を生み出すことができるのである．

18) ただし，当時の統計学において，フィッシャーのいうように帰納推理に「少なくとも演繹の過程によって伝統的に与えられていたのと同じくらい納得のいく完全な分析的説明」が与えられたわけではない．そして，その状況は今日でも変わらない．それについては，すぐ後で統計学者の田邉が代弁してくれる．

また，統計学の中核が帰納であることは，統計学者の田邉國士も強調している．田邉の2007年の論文「ポスト近代科学としての統計学」のなかに「統計学は帰納推論である」という節があり，タイトルに彼のいわんとすることが明示されている[19]．その節で，田邉は次のように述べる．

19) 田邉氏には個人的に有益なコメントをいただいた．

> 20世紀初頭においてR. A. フィッシャー，E. S. ピアソン，J. ネイマンらは，国勢学を端に発して形成されてきた統計学をより強固な基盤を持つ学問に変革すべく，「仮説検定論」と呼ばれる疑似演繹の装いを凝らした理論を編み出した．それは統計学に確率論という数学を組織的に導入し，推論手続きの一部を数学化したものであり，同時に編み出した「推定論」と併せて数理統計学の発展への道を拓いた．しかし，推論過程の一部を数学化したのであって，データの有限性に由来する統計学の帰納という本質が変わるわけはなく，その意味では数理統計学は帰納論理としては限定的な成功しか収められなかった．仮説検定論は前述の近世以前の哲学者たちが試みた「帰納の手続き」を精緻化するものであったと言える [田邉 2007, pp. 46–47].

統計学の中核が帰納だということは，フィッシャーが繰り返し注意を促したにもかかわらず，21世紀になっても依然として統計利用者には理解されていないのであろう．田邉が現場の統計学者として，統計学は帰納だとあえていわないといけないのはそれゆえである．実際，統計利用者に理解されていないどころか，統計学の推論が演繹だと誤解している人も多いようである．そのため，田邉は同じ節で警鐘を鳴らしている．

> 「数理統計学は数学の一部である」，「数理統計学は演繹的推論の体系である」，「数理統計学を用いて行われる推論の結果は数学における定理と同じ確実性を持つ」という属性はまったくの誤解である，数理統計学に基づく推論はあくまでも帰納推論である [田邉 2007, p. 47].

田邉が指摘している統計学への誤解は，いまだ解消されずに広まったままではないだろうか．さらに悪いことに，統計解析ソフトの発展はこうした誤解に拍車をかけているように思われる．データ

016 | 1 統計学を使うときに抱く後ろめたさ：帰納推論

を統計解析ソフトに入力しさえすれば，後は自動的に解が計算される．ほとんどの統計利用者がブラックボックス化された解析ソフトの計算過程を知ることなく，自動的に出てきた解をそのまま受け入れる．計算結果やブラックボックスの中身に疑いの目を向けず，盲目的に受け入れているのではないだろうか[20]．統計学を用いる推論が演繹ではなく帰納だということは，前提が正しくても正しい結論が引き出されるとは限らないということだ．それは，統計解析ソフトを使っても変わらないのである．

20) 科学者の態度として常に批判的にあるべきである．

　統計学を用いて結論を引き出しても，後ろめたさを感じてしまう大きな理由の1つは，統計学を用いる推論の中核が**帰納**だからである．物理学に代表される演繹科学[21]とは異なり，統計学を用いても，どれだけ高い精度でデータを集めたとしても100%正しい確実な結論を引き出せるとは限らないのである．この点は肝に銘じるべきである．そして，次節では，帰納に関するさらに深刻な難点を紹介する．ただし，帰納にも利点はある．上述したように，帰納を用いると，前提にない新たな事柄を結論として主張できる．論理的に飛躍しているゆえに，豊富な内容を引き出すことができるのである．これは演繹にはない帰納の重要な特徴である．

21) もちろん，物理学における推論には帰納を用いる部分もある．たとえば，3.2節で扱う天文学において発展した誤差論で用いられる推論は帰納に頼っている．

1.2 ▶ 帰納の諸問題

　帰納は前提が正しくても結論が必ずしも正しくなるわけではないような推論である．そのことは理解できたであろう．それ自体問題であるが，帰納はより根元的な問題をはらんでいる．18世紀にスコットランドの近代哲学者デイヴィッド・ヒュームは，帰納の正しさを証明できない，それゆえ帰納によって引き出される予測や一般化の正しさを示すことはできないと論じたとされる．また，20世紀半ばにおいても，アメリカの哲学者ネルソン・グッドマンは帰納についての別の問題点を指摘した．もし帰納を認めたとしても，それでもおこなってはいけない帰納があることを論じた．本節では，帰納の2つの問題を見ることにする．統計学を用いる推論の中核が帰納であるので，ヒュームとグッドマンの論証の影響は統計学にも波及することになる．要は，統計学を用いて結論を引き出しても，その結論の正しさを示せないということで

ある．

1.2.1 帰納の問題：ヒュームの懐疑

ヒュームは帰納が合理的に正当化できないことを論証したとされる[22]．この論証は，1739〜1740年の『人間本性論』や1748年の『人間知性研究』のなかで展開された．ヒュームのこの論証は「ヒュームの懐疑」と呼ばれている．ここでは，ヒュームの懐疑を見ることにしよう．

[22] ヒューム自身が何を論じたかについての解釈はいくつかある．ヒュームが論証したのは，帰納の合理的な正当化が一切できないことだという解釈もあれば，そうした正当化がまだ見つかっていないことを示したという解釈もある．また，いかにして私たちのおこなう帰納推論が生じるのかという心理学的な問いを提示したという解釈などもある [ローゼンバーグ 2011, 萬屋 2018]．ここでは，ヒューム自身が何を論じたのかよりも，帰納にどのような問題があるのかに関心があるので，ヒュームの論証の解釈には立ち入らない．

 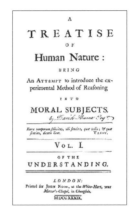

図 1.9　デイヴィッド・ヒュームと『人間本性論』

図1.10(a)は，1.1.1項のハクチョウに関する帰納の事例である．ヒュームによると，過去の事柄を前提にして，未来の事柄を結論として正しく引き出すことはできない．これまでに見たハクチョウがすべて白かったとしても，次に見るハクチョウは白くないかもしれない．過去の事柄から未来の事柄を正しく引き出すには，図1.10(b)のように，「未来は過去に似ている」という前提，あるいは「過去に成立した規則性は未来にも維持される」という前提が必要である．たしかに，この暗黙の前提があれば結論を正しく引き出せる．そしてヒュームは，すべての帰納推論の背後にこうした前提が暗に置かれているという．

確かに，未来は過去に似ているという前提があれば，これまでに見たハクチョウはすべて白かったという過去の事柄から，次に見るハクチョウは白いという未来の事柄が正しく引き出せる．逆

図 **1.10**　帰納推論

に，この前提がなければ，過去に成立した規則性が未来にも成り立つとは限らないので，過去の事柄から未来に関する結論を正しく引き出せない．つまり，帰納によって結論を正しく引き出すことはできない．

未来は過去に似ているという前提は「**自然の斉一性原理**」と呼ばれる[23]．じつは，統計学でもこの類いの前提がよく用いられている．たとえば，確率変数が**独立同一分布**[24]に従うという仮定は自然の斉一性原理の一種である [大塚 2020, pp. 32–33]．

ここで確率変数が独立同一分布に従うとは，確率変数が独立であり，かつ同一分布に従うということである[25]．コインを 2 回投げる場合を考えてみよう．各回のコイン投げの結果を確率変数 X で表す．ここでは，確率変数 X を，表が出たら 1，裏が出たら 0 と定義する．1 回目のコイン投げの結果は 2 回目のコイン投げの結果に影響しない．1 回目に表が出たからといって，2 回目に表が出やすくなったり，出にくくなったりはしない．このことを確率変数が独立であるという．また，1 回目と 2 回目のコインが同じものであれば，1 回目と 2 回目のコイン投げで表の出る確率は同じとされ，同様に 1 回目と 2 回目の裏の出る確率も同じとされる．たとえば，2 回とも同じコインを使うのなら，1 回目のコイン投げで表の出る確率が 0.3 であれば，2 回目のコイン投げでも表の出る確率は 0.3 である．各回のコイン投げの結果（表，裏）は確率変数 $(1, 0)$ で表され，それぞれに確率（1 には表の出る確率，0 には裏の出る確率）が付与される．そして，それぞれの確率変数について，それがとる確率を付したものを「**確率分布**」という．コイン投げの場合，確率変数は図 1.11 の確率分布に従い，1 回目も 2 回目もその同じ確率分布に従う．このとき，確率変数は独立同一分布に従うという．

自然の斉一性原理: the principle of uniformity of nature

[23] ちなみに，ヒュームは時間だけでなく場所においてもこの原理が成り立つとする．札幌で自由落下させた物体が従う物理法則は東京でも成り立つ．

[24] 独立同一分布（あるいは独立同分布）は independent and identically distributed の頭文字をとって i.i.d. と略される．

[25] また，n 個の確率変数 $X_1, \ldots, X_n$ が互いに独立で同一の確率分布に従うとき，$X_1, \ldots, X_n$ はその確率分布をもつ母集団からのサンプルサイズ n の無作為標本 (random sample) という．

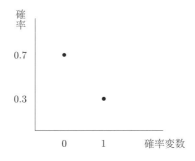

図 1.11 コイン投げにおける確率分布の例

　コイン投げの場合，確率変数が独立同一分布に従うという仮定は，未来のコイン投げでは過去と同じようなことが起こることを意味する．たとえば，過去のコイン投げで表の出る確率が 0.3 であれば，未来においても表の出る確率は 0.3 である．すなわち自然の斉一性原理を仮定している．

　では，自然の斉一性原理は正しいのだろうか．ヒュームによると，この原理の正しさを示すには，演繹か帰納のいずれかを用いた論証しかない．結論を先に述べると，どちらの論証もうまくいかず，それゆえ帰納を合理的に正当化することはできない．なぜどちらの論証もうまくいかないかについて，順を追って見てみよう．

　まず，ヒュームによる演繹を用いた論証では**背理法**[26]が用いられる．背理法とは，ある命題[27]を仮定すると矛盾が導き出されるゆえに，その命題が誤りであると結論付ける演繹推論である（図 1.12(a)）．証明したい事柄が結論にあたるので，まずその結論を否定した命題を前提に置く．次に，この前提を仮定して，そこから論理的な矛盾を導き出す．矛盾したのは，前提が誤っていたからであり，前提の否定をはずした命題が結論となる．これが背理法である．高校の数学で，「$\sqrt{2}$ は無理数である」という命題を証明したことがあるだろう．この証明では背理法が用いられる．いま，証明したいのは $\sqrt{2}$ が無理数であることなので，前提ではそれを否定した，$\sqrt{2}$ が無理数でないという命題を仮定する[28]．そうすると矛盾が導き出されるので，$\sqrt{2}$ が無理数でないという仮定が誤りであり，したがって $\sqrt{2}$ が無理数であることが帰結する（図 1.12(b)）．

　ヒュームは自然が斉一であることを背理法で証明するため，図

[26] 帰謬法とも呼ばれる．
[27] 命題とは簡単にいうと，真偽が定まっている文のことである．
[28] $\sqrt{2}$ が無理数でないとは，$\sqrt{2}$ が有理数であるということである．有理数は整数の比で表される実数のことである．

020 | 1 統計学を使うときに抱く後ろめたさ：帰納推論

A でないことを仮定する.	$\sqrt{2}$ が無理数でないことを仮定する.
⋮	⋮
矛盾が生じた.	矛盾が生じた.
A である.	$\sqrt{2}$ は無理数である.
(a)	(b)

自然が斉一でないことを仮定する.
⋮
矛盾が生じた.

自然は斉一である.

(c)

図 1.12 背理法を用いた演繹による論証

1.12(c) のように，自然が斉一でないという仮定を置く．しかし，自然が斉一でない，つまり未来が過去に似ていないことを仮定しても論理的な矛盾は生じない．過去これまでパンにすべて栄養はあったが，明日からパンに栄養がないことは論理的には可能であり，矛盾しない．これまでに毎年ホームランを30本以上打ち続けた野球選手が，翌年1本もホームランを打てないことは論理的に矛盾しない．もし自然が斉一でないとしても，論理的な矛盾は生じないのである．それゆえ，演繹によって自然が斉一であることは証明できない.

　次に，帰納を用いた論証を見てみよう．自然が斉一であるのは，過去これまでに自然は斉一であった経験が証拠になると考えられる．帰納を用いると図 1.13(a) のように，自然が斉一だという過去の事例を集め，それらを一般化して，自然は過去だけでなく未来においても一般的に斉一であるという結論が引き出されることになる．しかし，過去に関する前提から，未来を含む一般化された結論は正しく引き出されない．ヒュームによると，この帰納推論によって正しく結論を引き出すためには，図 1.13(b) のように未来は過去に似ているという前提が必要であり，この前提を置けば，自然が一般的に（つまり，過去でも未来でも）斉一であるという結論が引き出される．だが，明らかにこの論証は**循環**している．自然が斉一であることを証明するのに，未来は過去に似ているという自然の斉一性を仮定してしまっている．これでは，自然が斉一だから自然は斉一だといっているのと同じで堂々巡りをし

ているだけである．よって，帰納を用いても自然の斉一性原理の
正しさを論証できない．

$$\frac{自然は過去において斉一であった.}{自然は一般的に斉一である.}$$

(a)

$$\frac{未来は過去に似ている.\quad\ }{自然は過去において斉一であった.}$$
$$自然は一般的に斉一である.$$

(b)

図 **1.13** 帰納による論証

　このように，帰納推論の背後に仮定されている自然の斉一性原
理の正当性は，演繹によっても帰納によっても示すことはできな
い．したがって，帰納推論の結論の正しさは合理的に証明できな
い．過去の事柄から未来の事柄を予測したり，個別的事例から一
般的事例を一般化したりする推論は**正当化できない**のである．

COLUMN 1.2

ヒュームの懐疑のまとめ

　ここでヒュームの懐疑をまとめておこう．

- 帰納推論は自然の斉一性原理を暗に前提とする．
- 帰納推論の結論が前提によって合理的に正当化されるならば，その前提も合理的に正当化されていなければならない．
- よって，自然の斉一性原理が合理的に正当化されなければならない．
- 合理的な正当化には，演繹による論証と帰納による論証がある．
- 演繹による論証では，背理法を用いても論理的な矛盾は生じない．
- 帰納による論証では，論証が循環する．
- よって，自然の斉一性原理は合理的に正当化されない．
- ゆえに，帰納推論の結論（予測や一般化）は合理的に正当化されない．

　ヒューム自身は帰納に問題があるにせよ，帰納推論を信頼でき
ると考えていた．その理由は，私たちがある同じタイプの出来事
の後に別の同じタイプの出来事が生じることを繰り返し経験し，
それが習慣や習癖となって帰納推論を信頼するようになるからだ
[飯田 2016]．ヒュームの懐疑が提示されて以降，帰納の問題にど
う対応するかについては多くの議論がなされてきた．ヒュームの

022 | 1 統計学を使うときに抱く後ろめたさ：帰納推論

懐疑を完全に解決する方法はいまだ見つかっていないが，対応策はいくつか考案されてきた．そのなかの代表的な2つの対応策については第2章で紹介する．

1.2.2 帰納の新しい謎：グルーのパラドックス

グルーのパラドックス
: grue paradox

ヒュームの懐疑は，帰納が合理的に正当化できないことを示すものであった．ところが，帰納の問題はこれだけではない．グッドマンは1954年の『事実・虚構・予言』のなかで帰納の新しい問題を提示した．グッドマンは「グルー (grue)」という色を定義する．

> グルーとは，これまでに観察されたことがあって緑色 (green) であるか，あるいはまだ観察されたことがなくて青色 (blue) であるような色である[29].

奇妙に聞こえるかもしれないが，ひとまずグルーという色のこの定義を受け入れることにしよう．すると，これまでに観察されたエメラルドがすべて緑色であったとして，そのデータから，すべてのエメラルドはグルーだという仮説を打ち立てることはできるだろうか．また，同じデータから，まだ観察されたことのないエメラルドは青色であるという予測を立てることはできるだろうか．

そんな推論は誤っているに決まっていると一蹴されてしまいそうだが，グッドマンの論じた帰納の新しい問題はこうした推論を可能にしてしまう．グルーという色を上のように定義するだけで，帰納推論を用いると受け入れがたい結論が引き出せてしまう．ここでは，グッドマンによる「グルーのパラドックス」と呼ばれる帰納の新しい問題を紹介する．

まず，これまでに観察されたことのあるエメラルドはすべて緑色であったとする．そうすると，次の帰納推論により，まだ観察したことのないエメラルドについて予測がおこなえる．

[29] ここでは，飯田 (2016) の定義を用いた．グッドマンのもとの定義では，「グルーは，時刻 t より前に調べられたものについては，それがグリーンであるときに適用され，それ以外のものについては，それがブルーであるときに適用される」[グッドマン 1987, p. 120] となっているが，議論の本質は変わらない．

これまでに観察されたことのあるエメラルドは緑色であった．

まだ観察されたことのないエメラルドは緑色である．

図 1.14　緑色推論（予測）

この推論を「緑色推論（予測）」と呼ぶことにしよう（図 1.14）.
この推論の前提はこれまでに観察されたことのあるエメラルドは
緑色であるというもので，結論はまだ観察されたことのないエメ
ラルドも緑色であるというものであるから，前提と結論を合わせ
ると，すべてのエメラルドは緑色であるという一般化された結論
が引き出される．この推論を「緑色推論（一般化)」と呼ぼう（図
1.15).

これまでに観察されたことのあるエメラルドは緑色であった.

すべてのエメラルドは緑色である.

図 **1.15** 緑色推論（一般化）

予測と一般化は帰納推論の典型例である．ここまでは，よくあ
る帰納推論である.

次に，上のグルーの定義から，エメラルドについて以下の帰納
推論もおこなえる．これを「グルー推論（予測)」と呼ぶことにす
る（図 1.16）.

これまでに観察されたことのあるエメラルドはグルーであった.

まだ観察されたことのないエメラルドもグルーである.

図 **1.16** グルー推論（予測）

「グルー推論（予測)」は「緑色推論（予測)」と同じ推論形式で
ある．「グルー推論（予測)」についても先と同様に考えると，こ
れまでに観察されたことのあるエメラルドもまだ観察されたこと
のないエメラルドもすべてグルーということになるので，すべて
のエメラルドはグルーであるという一般化された結論が引き出さ
れる．これを「グルー推論（一般化)」と呼ぼう（図 1.17）.

さて，予測と一般化の両方に共通するグルー推論の前提，すなわ
ちこれまでに観察されたことのあるエメラルドはグルーであった

これまでに観察されたことのあるエメラルドはグルーであった.

すべてのエメラルドはグルーである.

図 **1.17** グルー推論（一般化）[30]

30) ここでは論旨をわ
かりやすくするため，
最初の前提と最終的な
結論のみを示し，「ま
だ観察されたことのな
いエメラルドもグルー
である」という途中の
結論は省略している.

024 1 統計学を使うときに抱く後ろめたさ：帰納推論

という前提を検討してみよう．この前提は，グルーの定義を用いると次のように表される．これまでに観察されたことのあるエメラルドはすべて，(i) これまでに観察されたことがあって緑色であるか，あるいは (ii) まだ観察されたことがなくて青色である．(ii) の選択肢は，これまでに観察されたことのあるエメラルドはまだ観察されたことがない，となって矛盾するので，(i) の選択肢しかありえない．そうすると，「これまでに観察されたことのあるエメラルドはグルーであった」という前提は，「これまでに観察されたことのあるエメラルドは緑色であった」ということになる．つまり，グルー推論と緑色推論の前提は，言葉は違うが同じことをいっている．これまでに観察されたエメラルドが緑色だったら，そのエメラルドはグルーでもある．そうすると，グルー推論（一般化）を変更した図 1.18 の推論がおこなえる．

これまでに観察されたことのあるエメラルドは緑色であった．

すべてのエメラルドはグルーである．

図 1.18　グルー推論（一般化）変更版 [31]

この推論と図 1.15 の緑色推論（一般化）を比べると，これまでに観察されたことのあるエメラルドはすべて緑色であったという前提からすべてのエメラルドは緑色であるという一般化された結論だけでなく，すべてのエメラルドはグルーであるという一般化された結論も引き出される．帰納を用いると，**同じ前提から異なる一般化**ができてしまうのである．すなわち，グルーのように言葉を好きなように定義すれば，それに合わせて自由に一般化された結論が引き出せる．しかも，その仮説や予測はデータに基づかないでたらめな仮説や予測ではない．きちんとこれまでのデータに合う，根拠のある仮説や予測なのである[32]．

科学の仮説は一般化された表現で表されるので，手持ちのデータから好きなように新たな仮説を打ち立てることができることになる．グッドマン自身はこの問題を，データによる仮説の**確証**に関する問題として捉えた．ここで，データが仮説を確証するのは，データが仮説を決定的に支持しないとしても，ある程度支持する有利な証拠になるという意味である[33]．グッドマンは次のように

31) 論旨をわかりやすくするため，これまでの推論の図では途中の結論は省略して，最初の前提と最後の結論のみを示してきた．ここでも同様で，最初の前提から帰納推論で引き出される，「これまでに観察されたことのあるエメラルドはグルーであった」という途中の結論と，その途中の結論とグルーの定義から引き出される，「まだ観察されたことのないエメラルドもグルーである」というその次の結論は省略している．

32) グルーのパラドックスをこの種の一般化や予測として整理するのに，Henderson (2022) と戸田山 (2005) を参考にした．

確証：confirmation

33) データが仮説に有利になる程度が大きくなり，決定的に支持するときも，データが仮説を確証すると考えてよい．

述べる.

> かくして，われわれの定義に従うならば，続いて調べられるすべてのエメラルドはグリーンであろうという予言と，それらすべてはグルーであろうという予言とが，全く同一の観察を記述する証拠言明によって同じように確証されることになる [グッドマン 1987, p. 120].

グッドマンによると，これまでに観察されたことのあるエメラルドが緑色であるというデータは，すべてのエメラルドは緑色であるという仮説も確証するし，それと同程度に，すべてのエメラルドはグルーであるという仮説も確証する.

COLUMN 1.3

検証と確証

　検証と確証というよく似た用語が登場したが，これらの違いは何だろうか．検証は，データによって仮説の正しさを証明することである．一方，確証は，データが仮説を（ある程度）支持することである．検証は仮説の正しさを示すので強い主張であるが，確証は仮説の正しさを示すのではなく，ある程度支えることであり，検証よりは弱い主張になっている．また，検証や確証に関連する用語に，反証がある．反証は，データによって仮説の誤りが証明されることである．反証と検証の関係については，2.1.1 項で解説する.

　確証はベイズ主義[34]の枠組みで用いられることがある．データによって仮説が確証されるのは，2.2.1 項で紹介する事後確率 $P(仮説 | データ)$ が事前確率 $P(仮説)$ より大きくなるときであり，そのときに限られる．ベイズ主義では，仮説が確証されることを，データによって仮説への信頼性が上がると解釈する．逆に，データによって仮説への信頼性が下がることを**反確証**と呼び，仮説が反確証されるのは，事後確率 $P(仮説 | データ)$ が事前確率 $P(仮説)$ より小さいときであり，そのときに限られる.

[34] ベイズ主義については 2.2 節を参照.

反確証：disconfir-mation

　だがここで，次のように反論したくなるだろう．グルーなんていう色は緑色と青色をもとに勝手に定義したもので，この世の中に存在する基礎的な性質ではない．だから，グルー仮説は受け入れられないと．だが，この反論はすぐにかわされる．今度は「ブ

リーン (bleen)」という色を次のように定義する.

> ブリーンとは，これまでに観察されたことがあって青色であるか，
> あるいはまだ観察されたことがなくて緑色であるような色である.

そうすると，緑色は「これまでに観察されたことがあってグルー
か，まだ観察されたことがなくてブリーンである色」と表現でき
る．同様に，青色は「これまでに観察されたことがなくてブリー
ンであるか，あるいはまだ観察されたことがなくてグルーである
色」と表すことができる．緑色と青色はどちらも，グルーとブリー
ンによって定義することができるのである．このように，緑色と
青色はグルーとブリーンをもとにして表現し直すことができ，そ
れゆえどちらか一方のペアだけが基礎的であると断言できなくな
る．これまで見たエメラルドがグルーでなく，緑色だとなぜいえ
るのだろうか.

　グルーのパラドックスはさらに続く．今度は，図 1.16 のグルー
推論（予測）における，「まだ観察されたことのないエメラルドは
グルーである」という結論について考えてみよう．この結論も，グ
ルーの定義を用いると次のように表される．まだ観察されたこと
のないエメラルドはすべて，(i) これまでに観察されたことがあっ
て緑色であるか，あるいは (ii) まだ観察されたことがなくて青色
である．今度は (i) の選択肢が矛盾する[35]．よって，(ii) の選択肢
しかありえず，「まだ観察されたことのないエメラルドはグルーで
ある」という結論は，「まだ観察されたことのないエメラルドは青
色である」ということになる.

　図 1.16 のグルー推論（予測）と図 1.14 の緑色推論（予測）の前
提は言葉が違えど同じことをいっていた[36]．緑色推論（予測）の
結論は，「まだ観察されたことのないエメラルドもすべて緑色であ
る」というものである．一方，グルー推論（予測）における「ま
だ観察されたことのないエメラルドはグルーである」という結論
は，「まだ観察されたことのないエメラルドは青色である」という
のと同じである．つまり，グルーを用いた推論から別の予測が立
つことになる．このように，帰納を用いると，**同じ前提から異な
る予測**が引き出されるのである．後者の推論を「グルー推論（別
の予測）」と呼ぼう．図 1.19 のように，2 つの推論を並べてみる

35) つまり，まだ観察
されたこのないエメラ
ルドがこれまでに観察
されたというのは矛盾
している.

36) つまり，これまで
に観察されたことのあ
るエメラルドはグルー
であるということは，
それらのエメラルドは
緑色であるというのと
同じである.

【グルー推論（別の予測）】

これまでに観察されたことのあるエメラルドは緑色であった.

まだ観察されたことのないエメラルドも青色である.

【緑色推論（予測）】

これまでに観察されたことのあるエメラルドは緑色であった.

まだ観察されたことのないエメラルドも緑色である.

図 **1.19** グルー推論（別の予測）と緑色推論（別の予測）の比較

と，帰納推論の奇妙さがわかるだろう.

COLUMN 1.4

「まだ観察されていないエメラルドは黒色である」という予測も引き出せる

グルー推論（別の予測）が許されるのなら，帰納を用いると，まだ観察されたことのないエメラルドの色について好きなように結論付けることができる. たとえば，「グラック (grack)」を，これまでに観察されたことがあって緑色であるか，あるいはまだ観察されたことがなくて黒色 (black) である色と定義してみる. そうすると，これまでに観察されたことのあるエメラルドは緑色であるという前提から，帰納を用いると，まだ観察されたことのないエメラルドは黒色であるという予測を立てることができる. 要は，帰納を用いると，好きなように言葉を定義して思い通りの予測を立てることができるのである [37].

37) ここでのグルーのパラドックスの解説は，飯田 (2016) をもとにした.

このように，グッドマンの提示したグルーのパラドックスは，帰納についていくつかの難題を突きつける. まず，同じデータから異なる仮説が打ち立てられるという**仮説形成**の問題を生じさせる. 次に，同じデータが異なる仮説を支持するという**確証**の問題も生じさせる. さらには，同じデータから異なる予測がもたらされるという**予測**の問題も生じさせる. しかも厄介なことに，好きなように言葉を定義すれば，思い通りの仮説を打ち立てたり，確証できたり，未来の予測を立てたりできてしまうのである.

ヒュームは，帰納の正当化の問題を指摘した. 一方，グッドマンは受け入れられる帰納と受け入れられない帰納があり，どういう帰納が受け入れられるのかを問題にした. グッドマンはこれを

「帰納の新しい謎」[38]と呼んだ．彼の答えによると，受け入れられる帰納は，私たちが言語を使用してきた歴史によって形成されて習慣となったものである．つまり，緑色や青色が私たちのこれまでの言語使用の歴史によって習慣化されたので，緑色や青色を用いる帰納は受け入れられるが，グルーやブリーンを用いる帰納は受け入れられない[39]．しかし，グッドマンの答えでグルーのパラドックスが解決したわけではなく，いまだに解決されていない問題とされており，哲学者のあいだで議論が続いている．

　統計学の推論の中核は帰納であるので，それによって得られる結論にもグルーの問題があてはまる．それゆえ，データの表現を好きな言葉で定義し直せば，思い通りに結論を引き出せてしまうのである．たとえば，これまでに観察された葉緑素がすべて緑色[40]だというデータから，帰納を用いると，すべての葉緑素はグルーであるという一般化された仮説を打ち立てることができる．また，そのデータは，すべての葉緑素はグルーであるという仮説を支持してしまう．さらに，同じデータからまだ観察されたことのない葉緑素は青色であるという予測を立てることもできてしまう．好き勝手に言葉を定義して，新しい仮説を打ち立てたり，確証したり，予測できたりする．帰納はこうした問題をはらんでいるのである．

帰納の新しい謎：the new riddle of induction

[38] 「帰納の新しい謎」は，グッドマンがグルーのパラドックスを提示した著作における章のタイトルでもある．

[39] グッドマンは，「投射可能（projectible）」な仮説と投射不可能な仮説という用語で区別する．投射とは，過去の事柄を未来に拡張することである．グッドマンは，過去から未来を投射するだけでなく，ある集合から別の集合への投射というより一般的な問題と捉えている．グッドマンの示唆した問題の発展版については，飯田（2016）を参照．

[40] 厳密にいうと，葉緑素に光が当たっていないと，光依存型の酵素がはたらかないので葉緑素は緑色にならない．ここでは，こうした類いの背景条件は成立しているものとする．科学法則ではこうした背景条件の成立が暗に仮定されており，この条件は「他の条件が同じならば（ceteris paribus）」と呼ばれる．この条件について，詳しくは Reutlinger（2019）を参照．

帰納がもたらす後ろめたさへの対応策

　ヒューム以降，哲学者や科学者は帰納の問題に挑んできた．本章では，ヒュームの懐疑への代表的な2つの対応策を紹介する．1つは，科学哲学者のカール・ポパーによる対応策である．ポパーは，ヒュームの論証を受け入れ，帰納は正当化できないとする．そして，帰納を科学的方法論から排除する．もう1つは，ベイズ主義による対応策である．この対応策はポパーとは異なり，ヒュームの問題を解決しようとする．2.1節ではポパーによる対応策を紹介し，2.2節でベイズ主義による対応策を解説する．ただし，本書の目的は科学哲学の概説ではないので，統計学に関係する内容を主眼に置いて解説する．

2.1　ポパーの反証主義による対応策

　ポパーは，ヒュームの懐疑を受け入れ，科学的方法論として帰納を捨てるべきだという大胆な主張をおこなう．その代わりに，科学では論理的に妥当である**演繹**を用いるべきだという．では，科学で演繹がどのように用いられるのだろうか．

2.1.1　反証と検証の非対称性

　科学では，データによって仮説の真偽が確かめられるとよくいわれる．科学者は実験や観察によってデータをとり，そのデータと仮説からの予測が一致するどうかを確認する．仮説からの予測とデータがうまく一致していたら，その仮説は**正しい**と結論付ける推論を**検証**と呼ぶ．一方，仮説からの予測とデータが一致せず，その仮説は**誤り**だと結論付ける推論を**反証**と呼ぶ[1]．図2.2に検

検証：verification

[1] 1.1.2項では，「確証」も登場した．先に述べたように，確証はデータが仮説をある程度支持することである．

反証：falsification

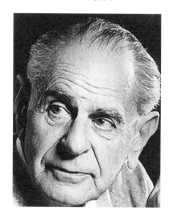

図 2.1　カール・ポパー

証と反証の推論を示した．

【検証】
　ある仮説が正しければ，あるデータが得られる（予測される）．
　実際，その（予測された）データが得られた．
　ゆえに，その仮説は正しい．

【反証】
　ある仮説が正しければ，あるデータが得られる（予測される）．
　実際，その（予測された）データが得られなかった．
　ゆえに，その仮説は誤りである．

図 2.2　検証と反証の非対称性

　検証と反証はどちらも，仮説をデータに照らし合わせるという点で同じ構造であるから，論理的に同じだと勘違いしている人がいるかもしれない．しかし，検証と反証は論理的にまったく異なる．
　検証と反証の違いは，図 2.2 の検証と反証の推論を図 2.3 のように記号に置き換えるとわかりやすい．「仮説が正しい」を A，「（予測された）データが得られる」を B の記号に置き換えると，上の 2 つの推論は図 2.3 のように表すことができる．
　論理学を習ったことのある人や 1.1.1 項の図 1.1 の推論を覚えている人は，反証の論理がモードゥス・トレンスであることがわかるだろう．つまり，反証の論理は演繹である．一方，検証の論理は 1.1.1 項には登場しなかった．論理学を習った人はこの推論が誤り

【検証】	【反証】
A であるならば，B である．	A であるならば，B である．
B である．	B でない．
A である．	A でない．

図 2.3　検証と反証の論理構造

である（妥当でない）ことを知っているだろう．検証の論理は演繹の推論規則に従ってなく，論理的に誤っている．これは「後件肯定の誤謬」と呼ばれる代表的な誤謬推論である．たとえば，「タンチョウは鳥である．あの生物は鳥である．だから，あの生物はタンチョウである．」という推論は常に正しいわけではない．ところが，この推論を図 2.4 のように書き直してみると，「A であるならば，B である」と「B である」という前提から「A である」という結論を引き出しており，検証と同じ論理構造をしていることがわかる．

ある生物がタンチョウであるならば，その生物は鳥である．
あの生物は鳥である．

あの生物はタンチョウである．

図 2.4　後件肯定の誤謬推論の例

　図 2.3 の検証の「B である」にあたる 2 つ目の前提「あの生物は鳥である」の「あの生物」がオオワシを指している場合，結論は「オオワシはタンチョウである」となる．すると，2 つの前提の両方が正しいにもかかわらず，誤った結論が引き出されている．演繹は前提が正しければ結論が必ず正しくなる推論だが，検証は後件肯定の誤謬を犯しており，**演繹ではない**ことがわかるだろう．つまり，検証は論理的に誤っており，前提が正しくても必ずしも結論は正しくなるわけではない（妥当な推論ではない）．よって，データをいくら集めても，検証によって仮説の正しさは示せないのである．

2.1.2　ポパーの反証主義

反証主義：falsifica-tionism

　ポパーは，こうした反証と検証のあいだの非対称性に注目した．ポパーによると，仮説が誤っていることは証明できるが，仮説が

正しいことは証明できない．仮説からの予測とデータが一致しないことが判明したなら，その仮説は偽であることが演繹できる．しかし，たとえ仮説からの予測とデータが一致すると判明しても，その仮説が正しいことは演繹推論からは導けない．それゆえ，ポパーは反証と検証のあいだに非対称性があり，科学では論理的に正しい**反証のみ**を用いるべきだと主張した [ソーバー 2009, 2.7 節].

ポパーによると，データから帰納によって仮説が正しいことは推論できない．できるのは，仮説が**可謬的**なもの，すなわち誤りうるものとして，一時的に採用することだけである．もし仮説に反するデータが得られたら，その仮説は捨てられるべきである．

1.2 節の帰納の問題で見たように，一般化された仮説はデータをいくら集めても，その正しさを証明することはできない．だが，仮説が誤っているのを示すことはできる．この自明な論理的事実がポパーの哲学の基盤となっている．十分に確証された仮説でも真であるとは限らない．だが，誤った理論は取り除くことができる．だから，推測として仮説を一時的に採用し，反証によって誤った仮説を取り除くことで，真なる仮説を残すことができる．これがポパーの反証主義の考えである [ポパー 1971–1972].

2.1.3 反証可能性の基準を使ってみる

ポパーが科学哲学に興味を引かれた理由は，当時はやっていたフロイトの精神分析やマルクス主義が科学を標榜していることに疑問を抱いたからである[2]．科学の仮説は，観察データによってテストできるような予測をおこなう．科学の仮説は観察データと矛盾する可能性を含み，反証可能である．それに対し，**疑似科学**の主張はどんな観察結果とも両立するので，反証できない．ポパーは，**反証可能性**が科学と疑似科学を線引きする基準であると考えた．

ポパーは，疑似科学の典型例として，フロイトの精神分析学，マルクス主義，アドラーの個人心理学をよく引き合いに出す．ここではフロイトの精神分析学に対する批判を見てみよう．

フロイトの精神分析学の中心的な仮説にエディプス・コンプレックス仮説がある．エディプス・コンプレックスとは，男児が自分の父親に代わって母親と性的関係を結ぼうとする無意識の欲望から生じる観念の複合体である．フロイトの精神分析では，男児が何を述べようとも，この考えと両立するように男児の行動を解釈

2) ポパーはアドラー心理学も疑似科学の事例としてよく引き合いに出す．アドラー心理学はフロイトの精神分析やマルクス主義ほど名は通っていないのにポパーが引き合いに出すのは，ポパーがアドラーと直接関わっていたからである．ポパーは若いとき，アドラーの設置した児童相談所ではたらいていた [小河原 1997, p. 24].

疑似科学：**pseudo-science**
反証可能性：**falsifiability**

することができる．もし男児が自分の父親を憎んでいることを認めるなら，それはエディプス・コンプレックスによるためであると解釈される．ゆえに，この男児の報告は，エディプス・コンプレックス仮説を支持するデータである．一方，もし男児が自分の父親を憎んでいることを否定するなら，それは自分のエディプス的な幻想があまりに恐ろしいので，男児がその幻想を抑圧していると解釈する．この報告もエディプス・コンプレックス仮説と両立することになる．つまり，エディプス・コンプレックス仮説は否定の関係にあるどちらの男児の言動（データ）とも両立するので，反証できない [ポパー 1980]．

　ポパーがフロイトの精神分析学を疑似科学だと批判するのは，どんなデータを提示されてもその支持者たちが仮説を拒絶することにはならないといい張るからである．ポパーは，ヒュームの懐疑を受け入れ，帰納は正当化できないとする．そして，帰納を捨てる代わりに，演繹である反証を科学的方法論として採用する．そのうえで，反証可能性こそが科学の本性だと考えたのである．

COLUMN 2.1

ポパー以降の科学の本性をめぐる議論

　ポパーによると，科学とは，反証可能な仮説のなかでこれまでに反証されていない仮説を一時的に採用する営みである．冷静に考えると，物理学ですらいまだに真なる法則を入手できていないので，仮説が正しいことを示すのはかなりの難題である．

　ただし，現在の科学哲学者で，ポパーの反証主義の考え方を字句通り受け取る人はまずいない．ポパーの反証主義に対してはいくつかの批判があがった．そして，科学の本性について，反証可能性以外にも，トマス・クーンによるパラダイムやラリー・ラウダンによる研究伝統など，さまざまな考えが提案されてきた．また，イムレ・ラカトシュはポパーの反証主義を引き継ぎながら，ポパーの論客クーンのパラダイム論の要素も取り入れて，反証主義を洗練させ，研究プログラム論を展開した．上でも述べたが，本書の目的は科学哲学の概説ではないので，ポパーの科学哲学の問題点や科学の本性をめぐるその後の議論の展開については他書の解説にゆずることにする [3]．

3）科学哲学の概説書は多く出版されている．日本語で読める概説書に，オカーシャ（2008），ローゼンバーグ（2011），内井（1995），伊勢田（2003），戸田山（2005）などがある．

2.2 ベイズ主義による対応策

ヒュームは，帰納が合理的に正当化できないことを論証した．ポパーはヒュームの懐疑を受け入れ，科学的方法論として帰納を放棄した．ヒュームの懐疑に対して，ポパーのように帰納を放棄するという選択肢しかないかというと，そういうわけではない．ベイズ主義による別の方略があり，それは帰納を放棄せずにヒュームの懐疑の解決を目指すものである．そこで本節では，ベイズ主義による対応策をその事例とともに紹介する．ベイズ主義は意思決定理論の分野でも発展を遂げた．一方，近年ではベイズ統計学への注目度が高くなっているが，帰納の問題への対応策という側面が見落とされがちである．

2.2.1 ベイズの定理とベイズ主義

ベイズの定理やベイズ主義は，イギリスの牧師トマス・ベイズの名前に由来する．ベイズはヒュームと同時代の人物であるが，生前は論文を数本発表しただけであった．ベイズの偉業は彼の死後，友人でアマチュア数学者のリチャード・プライスによって発見された．プライスはベイズの未発表論文を世に出すべきだと判断し，1763 年に「偶然論における一問題を解くための試論」というタイトルで発表され，翌 1764 年に『哲学会報』に論文として掲載された．

ベイズ主義的解決を見る前に，ベイズの定理とベイズ主義の違いを説明しておこう．**ベイズの定理**は数学の「定理」であり，定義や公理などから証明された結果である．中学や高校の数学で，ピタゴラスの定理（三平方の定理）や三角関数の加法定理などを証明したことを思い出そう．定理は数学的に証明された結果であり，特定の考えや信条，解釈に依拠しない．定理に関連する数学の知識を備え，演繹ができれば，定理は（原理的には）**だれでも証明できる**．ベイズの定理も確率の公理[4]と条件付き確率の定義から証明ができ，確率論の初等的な知識があればだれでも証明できる．

出来事[5] A と B について，条件付き確率は条件の付いていない無条件確率を用いて次のように定義される．

ベイズの定理：**Bayes' theorem**

4) 確率の公理には次の 3 つがある．
(1) 任意の出来事 A について，$0 \leqq P(\mathrm{A}) \leqq 1$
(2) あらゆる可能な出来事全体の集合を Ω とすると，$P(\Omega) = 1$
(3) 出来事 A と出来事 B が互いに排反のとき，$P(A \cup B) = P(A) + P(B)$

出来事：**event**

5) 「事象」とも訳される．

(a) トマス・ベイズ？[6]　　(b) リチャード・プライス

(c) ベイズの論文

図 2.5　ベイズとプライス

$$P(A|B) = \frac{P(A \cap B)}{P(B)} \tag{2.1}$$

ただし，$P(B) > 0$ とする．左辺の $P(A|B)$ のように，確率 $P(\ )$ のなかに「|」という記号が入っているものが条件付き確率である[7]．$P(A|B)$ は，出来事 B が生じるという条件のもとで，出来事 A が生じる確率を表す[8]．右辺の分子にある $A \cap B$[9] は，出来事 A と出来事 B がともに生じることを表し，$P(A \cap B)$ は**結合確率**[10]と呼ばれる．ベイズの定理の証明は簡単である．出来事 A と出来事 B の条件付き確率について，次のように表すこともできる．

$$P(B|A) = \frac{P(A \cap B)}{P(A)} \tag{2.2}$$

ただし，$P(A) > 0$ とする．これは，出来事 A が生じるという条

[6] この肖像画は，テレンス・オドネルの 1936 年の著作『生命保険黎明期の歴史』に典拠なしで掲載された [O'Donnell 1936]．そのため，この肖像画はベイズ本人でないという嫌疑がかけられている．髪型や服装が時代に合わないので肖像画の信憑性を疑う声がある一方で，オドネルが典拠を示していないことで信憑性が失われるわけではないという意見もある [The editors of the IMS Bulletin 1988]．

[7] $P(A|B)$ は「P A ギブン (given) B」と呼ぶことが多い．

[8] $P(A|B)$ の記号の順番 (P, A, B) と，それを日本語で表す「B という条件のもとで，A が生じる確率 P」というの順番 (B, A, P) が逆になっているので，条件付き確率を初めて習ったときは違和感を覚えたかもしれない．これは，日本語と英語の違いにすぎない．この条件付き確率は英語では Probability of A given by B と表され，$P(A|B)$ の記号の順番通りになっている．

[9] 「∩」は，数学で共通集合（積集合）を表す記号である．「$P(A, B)$」とも表記される．

結合確率：joint probability

[10] 「同時確率」とも呼ばれるが，時間的に同時である必要はない．

件のもとで，出来事 B が生じる確率を表す．ここで，式 (2.1) と
式 (2.2) はそれぞれ次のように変形できる．

$$P(A \cap B) = P(A|B)P(B) \qquad (2.3)$$
$$P(A \cap B) = P(B|A)P(A) \qquad (2.4)$$

この 2 式の左辺は同じなので，$P(A|B)P(B) = P(B|A)P(A)$ と
なり，次式が得られる．

$$P(A|B) = \frac{P(B|A)P(A)}{P(B)} \qquad (2.5)$$

これがベイズの定理である[11]．このようにベイズの定理は簡単に
証明ができる．

　ベイズ自身は出来事の生起を念頭に置いていたが，いまでは，出
来事よりも仮説（モデル）とデータの関係を検討するのにベイズ
の定理が用いられることが多く，H を仮説，D を実験や観察から
得られたデータとして，次のように表される[12]．

$$P(H|D) = \frac{P(D|H)P(H)}{P(D)} \qquad (2.6)$$

　式 (2.6) の分母 $P(D)$ について補足が必要である．考えられる
仮説が仮説 H とそれを否定した仮説 not H だけの単純な場合，
$P(D)$ は次のように展開できる．

$$P(D) = P(D|H)P(H) + P(D|\mathrm{not}H)P(\mathrm{not}H) \qquad (2.7)$$

インフルエンザ A 型に感染しているかしていないかという 2 つの
仮説のみを検討する場合，感染しているという仮説が H，感染し
ていないという仮説が $\mathrm{not}H$ で表される．また，検討しているの
がインフルエンザ A 型に感染しているのか，B 型に感染している
のか，麻疹に感染しているか，等々のように仮説が多くなる場合，
$P(D)$ は次のように表される．

$$P(D) = P(D|H_1)P(H_1) + P(D|H_2)P(H_2) + \cdots$$
$$= \sum_i P(D|H_i)P(H_i) \qquad (2.8)$$

さらに，仮説が 1 つずつ数えられない場合もある．身長や体重は
$50\,\mathrm{kg}$ の次が $51\,\mathrm{kg}$，$160\,\mathrm{cm}$ の次が $161\,\mathrm{cm}$ といった飛び飛びの値

11)　「ベイズの法則
(Bayes' rule)」と呼
ぶ本もある．

12)　H は仮説の英
語 hypothesis の頭
文字，D はデータの
英語 data の頭文字か
らとった．ちなみに，
$P(\ )$ は確率の英語
probability の頭文字
である．

になるのではなく，連続的に続いている[13]．こうした連続的な量に関する仮説の場合，$P(D)$ は積分を用いて次のように表される．

$$P(D) = \int P(D|H)P(H)\mathrm{d}H \tag{2.9}$$

式 (2.7)，式 (2.8)，式 (2.9) は一般に「**全確率の法則**」と呼ばれ，条件付き確率の定義から導出される命題である[14]．ここまでは，ベイズの定理に関する数学の話である．

一方，**ベイズ主義**はある種の主義・主張[15]であるので，何らかの特定の考えや信条，解釈を表す．一般的に主義・主張には，菜食主義や愛国主義，経験主義や合理主義など，さまざまな考えや信条がある．このような特定の主義はだれもが採れる立場ではない．私は肉を食べることが好きだし，菜食主義の議論にいまのところ賛同していないので，菜食主義の立場を採らない[16]．帰納の問題を提示したヒュームは経験主義の代表格であり，合理主義を批判した．ベイズの定理の証明を理解している人がベイズ主義を採らないことはある．ベイズの定理とベイズ主義は関連しているが，同じではない．定理と主義は異なることに注意しよう．

では，ベイズ主義の主義・主張は何だろうか．ここで，確率で表される命題をどのように解釈するかという問題と，確率論や統計学を使って知識がどのように得られる（正当化される）のかという問題を区別する必要がある．哲学では，前者を**意味論**，後者を**認識論**として区別する．ベイズ主義はどちらにも関わっている．

意味論は，たとえば「次の日に太陽が昇る確率が 0.9」という命題に登場する確率概念の意味をどのように**解釈**[17]するかを扱う．ごく簡単に述べると，ベイズ主義における意味論は，確率概念を人が仮説を正しいと思っている度合いとして解釈する立場を指す．ベイズ主義者にとって，「次の日に太陽が昇る確率が 0.9」という確率命題は，次の日に太陽が昇るという仮説を人が 90% 正しいと思っていることを意味する．ベイズ主義では，人が仮説を正しいと思う度合いを**信念の度合い**という．日本語で「信念」というと堅苦しいが，平たくいうと「正しいと思う」や「正しいと考える」ということである．確率概念を信念という主観的な概念によって解釈するので，「**主観的解釈**」と呼ばれたりもする[18]．

一方，統計学における主義・主張の論争は，認識論により深く関わっている．認識論は，人がどのように知識を得るのか，知識はど

---

[13] 50 kg の次の値（実数）はいえない．

全確率の法則：the law of total probability

[14] 式 (2.8) の場合の証明は，
$$P(D) = P(D \cap \Omega)$$
$$= P(D \cap (\bigcup_i H_i))$$
$$= \sum_i P(D \cap H_i)$$
$$= \sum_i P(D|H_i)$$
$$P(H_i)$$ となる．最後の等号では，式 (2.2) の条件付き確率の定義を用いた．

ベイズ主義：Baysianism

[15] ベイズ主義の英語 Baysianism には「-ism」という主義・主張を意味する接尾語がついている．

[16] 菜食主義を否定するつもりはない．

意味論：semantics

認識論：epistemology

解釈：interpretation

[17] 解釈は，意味のよくわかっていない概念を意味のよくわかっている別の概念に置き換えることである．ここでは，確率というわかりにくい概念を別のよくわかっている概念に置き換えようとしている．

信念の度合い：degree of belief

のように正当化されるか，そもそも知識とは何かといった問題を究明する哲学の一分野である．データ D から仮説 H についてどのように推論し，何をどのように主張するかという問題も認識論の課題の一部である．ベイズ主義は，ベイズの定理を用いて推論し，データ D に基づいて仮説 H についての信念の度合いを変えていく．具体的には，式 (2.6) のベイズの定理の右辺の分子の $P(H)$ から左辺の $P(H|D)$ への変化を，データによる人の信念の変化と捉える．$P(H)$ と $P(H|D)$ はそれぞれ**事前確率**と**事後確率**と呼ばれる[19]．事前，事後というのは，実験や観察をしてデータをとる前と後ということである．つまり，事前確率 $P(H)$ はデータをとる前に仮説が正しいと思う度合い，事後確率 $P(H|D)$ は実験や観察をしてデータが得られた後に，そのデータのもとで仮説が正しいと思う度合いを表す．要するに，ベイズ主義によると，ベイズの定理は，データが得られることで仮説についての信念の度合いがどう変わったかを表している．ベイズの定理に従って仮説についての信念を変えることを「**信念更新**」と呼ぶ．これがベイズ主義の基本的な考え方である[20]．

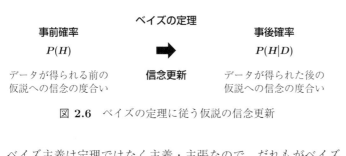

図 **2.6** ベイズの定理に従う仮説の信念更新

ベイズ主義は定理ではなく主義・主張なので，だれもがベイズ主義に肩入れするわけではない．とくに，科学で用いられる確率概念を信念という主観的な概念で解釈することを拒む人は多い．科学は客観的な営みだと考える人はとくにそうである．2.1 節に登場したポパーは，科学的方法論として帰納すら認めない厳格な考えをもっており，ベイズ主義にも批判的な立場であった．また，1.1.4 項に登場したフィッシャーも科学について厳格な立場を採る人であり，ベイズ主義を強く批判した[21]．このように，だれもがベイズ主義の立場を採るわけではない．

上でベイズ主義の「基本的な考え方」と述べたのは，ベイズ主

[18] 主義・主張が異なると，確率概念についての解釈も異なる．頻度主義 (frequentism) と呼ばれる立場では，「次の日に太陽が昇る確率」をこれまでの経験や客観的な頻度をもとに解釈する．確率命題の意味論の議論については，ギリース (2004)，ハッキング (2013) を参照せよ．

事前確率：*a prior* **probability**

事後確率：*a posteriori* **probability**

[19] 統計学では，それぞれ「事前（確率）分布」と「事後（確率）分布」と呼ばれる．

信念更新：**belief updating**

[20] 近年注目度の高いベイズ統計学では，仮説（モデル）の事前確率や事後確率でなく，モデルにおけるパラメータに関する事前分布や事後分布を求めることが多い．そこでは，H はパラメータ 1 つひとつを指し，仮説 H の代わりにパラメータ θ と表すほうが一般的である．

[21] フィッシャーの科学観については，4.4.6 項で詳しく説明する．

義が一枚岩ではないからである．データから仮説を正当化すると
きの道具として何を認め，何を認めないかで，ベイズ主義のなか
にいくつもの立場がある (COLUMN 2.2)．

COLUMN 2.2

あまたのベイズ主義

　ベイズ主義者のアーヴィング・ジョン・グッドは，ベイズ主義とし
て採りうる種類を分類した面白い論文を出している．グッドは 1971
年の論文「46656 種類のベイズ主義」のなかで，ベイズ主義を論文
のタイトルにあるように，なんと 4 万種類以上に分類した．グッド
によると，ベイズ主義には大きく 11 種類のオプションがある．たと
えば，判断に期待効用の最大化を認めるかどうか，判断を行為間の
選好に限定するかどうか，ベイズの定理の適用範囲をどこまでにす
るか，効用の概念を使用するかどうか，物理的確率を使用するかど
うかといったオプションである．そして，それぞれのオプションを
どのように認めるかで，いくつかの立場に分かれる．たとえば，仮
説について判断を下す際に期待効用の最大化を基準として認めるか
認めないかで 2 つの立場がある．また，判断を行為間の選好に限定
するか，あるいはそれ以外に証拠の重み付けや効用などあらゆる種
類を認めるかで 2 つの立場がある．また，効用概念については，そ
れを使用するか，条件付きで使用するか，それとも使用しないかの
3 つの立場に分かれる．物理的確率については，それを使用するか，
認められれば使用するか，使用しないかの 3 つの立場がある．グッ
ドはこのようにベイズ主義の採りうる立場の可能性を列挙し，2 つ
の立場に分かれるオプションが 4 種類，3 つの立場に分かれるオプ
ションが 6 種類，4 つの立場に分かれるオプションが 1 種類ある．そ
して，これらの場合の数を計算すると，ベイズ主義とりうる立場は
$2^4 \times 3^6 \times 4 = 46,656$ 種類あることになる．もちろん，すべての立
場に少なくとも 1 人のベイズ主義者がいるというわけではなく，あ
くまで採りうるベイズ主義の可能性を示しただけである．ちなみに，
ノースイースタン大学の哲学者ブランデン・フィテルソンは 2013 年
の論文で，グッドは過小評価しており，ベイズ主義の種類はさらに
多いだろうと指摘している (Fitelson 2013)．

　一枚岩ではないのはベイズ主義に限らず，主義・主張として提
唱される考え方の多くがそういうものであろう．同じ主義を掲げ
ていても，細部が異なることは往々にしてある．菜食主義には，ラ

クト・ベジタリアン[22]，オボ・ベジタリアン[23]，ヴィーガン[24]，
等々があり，細部は異なる．そして，こうした主義・主張の細部
は時代とともに変化していく．それゆえ，ベイズ主義を網羅的に
特徴付けることは難しい．

▌2.2.2　ベイズの論文をひも解く

　ベイズがヒュームによる帰納の問題をどのように解決しようと
したのかを見てみよう．ただし，2.2.3項で述べるが，ベイズ本人
がヒュームの懐疑を意識していたかは定かではなく，友人のプラ
イスがヒュームの懐疑への対応策として紹介した．ベイズの意図
が何であれ，ベイズの論文がヒュームの懐疑への対応策の1つに
なりうることは確かである．

　ベイズの論文は2部構成で，第1部 (SECTION I.) はベイズの
定理が不明瞭なかたちで提示され，第2部 (SECTION Ⅱ.) では
台に球を投げるという具体例を用いて事後確率が計算される．プ
ライスは，本論の前にベイズ論文の意義を解説した序文を加え，本
論にいくつか注を付け，そして最後にベイズの解法を具体例にあ
てはめて計算した付録 (An APPENDIX) を加筆している．ベイ
ズ論文の本論についてはプライスがどこにどのように加筆したか
は明らかになっていない[25]．

　まず，ベイズは論文の冒頭で以下の問題を示す．この問題に解
答を与えることがベイズの主な目的である．なお，この問題の意
味はわかりにくいかもしれないが，すぐ後で図を用いながら詳し
く説明する．

> 　ある未知の出来事が生じた回数と生じなかった回数が与えられた
> とする．1回の試行でその出来事の生じる確率が，任意に与えられ
> た2つの確率のあいだ［区間］にある確率を求めよ [Bayes 1763,
> p. 376].

ある出来事が生じる確率を，いま得られているデータから求める
問題であるが，1個の数値を求めるのでなく，任意の区間に対し
て求めよという問いである．

　第1部では，ベイズの定理が不明瞭なかたちで導き出される[26]．
ベイズの定理に関連する補助定理の1つは次のものである．2つ

---

22) 肉や魚，卵は食べ
ないが，牛乳やヨーグ
ルトなどの乳製品は食
べる．

23) 肉や魚，乳製品は
食べないが，植物性食
品や卵は食べる．

24) 肉や魚，卵はもち
ろん，乳製品や卵，は
ちみつなどの動物性食
品全般を食べない．

25) 残念なことに，ベ
イズの書いた序文をプ
ライスは削っている
[マグレイン 2013, p.
35]．そのため，ベイ
ズ本人の意図は正確に
はわからない．

26) 数学者のアイザッ
ク・トドハンターは，
「彼の論文のこの部分
は非常に曖昧であり，
同じ問題についての
ド・モアブルの論述と
いちじるしい対照をな
している」[トドハンター
2002, p. 257] と評し
ている．

の連続した出来事をそれぞれ時系列順に A, B とすると，両方の出来事が生じる確率 $P(A \cap B)$ は，最初の出来事 A の生じる確率 $P(A)$ と，A が生じたという条件のもとでの 2 つ目の出来事 B の生じる確率 $P(B|A)$ との積で表される[27]．現在の表記法を用いると，これは，

$$P(A \cap B) = P(A)P(B|A) \tag{2.10}$$

となる．この式 (2.10) は 2.2.1 項の式 (2.4) と同じである．また，ベイズは次の補助定理も示している．2 つの連続した出来事 A と B について，出来事 B が生じるという条件のもとで出来事 A の生じる確率 $P(A|B)$ は，出来事 B が生じる確率 $P(B)$ に対する両方の出来事がともに生じる確率 $P(A \cap B)$ の比である．これはいまの表記法を用いると，

$$P(A|B) = \frac{P(A \cap B)}{P(B)} \tag{2.11}$$

となる．この式 (2.11) は式 (2.3) を変形したものである．2.2.1 項で示したように，式 (2.10) と式 (2.11) を合わせるとベイズの定理が証明される．ベイズは，いまの表記法でいうところの式 (2.10) と (2.11) を示したところで止めており，いわゆるベイズの定理の導出まではおこなっていない．だが，ベイズにとってその導出はおそらく自明だったのであろう．というのも，続く第 2 部でこれら 2 式を組み合わせて，すなわち式 (2.5) のベイズの定理の右辺を計算することで，事後確率を求めているからである．

[27] ベイズの論文の命題 3 (PROP. 3.) にあたる．命題 3 は，「2 つの連続した出来事の両方が生じる確率は，最初の出来事の生じる確率と，最初の出来事の生起を仮定したうえで 2 つ目の出来事が生じる確率を複合した比である」[Bayes 1763, p. 378] とある．

COLUMN 2.3

ベイズ論文におけるベイズの定理

　式 (2.11) はベイズの原論文の命題 5 にあたる．命題 5 によると，「2 つの連続した出来事が存在し，2 つ目の出来事が生じる確率は b/N，2 つの出来事が両方とも生じる確率は P/N であり，2 つ目の出来事が生じたことが初めからわかっていて，そのことから 1 つ目の出来事も生じたと推測するならば，私が正しいことの確率 [2 つ目の出来事が生じたという条件のもとで 1 つ目の出来事が生じる確率] は P/b である」[Bayes 1763, p. 381]．また，プライスはこの命題 5 について，「$\frac{P}{N} = \frac{b}{N} \times x$ より，$x = \frac{P}{b} = $ 上の命題で述べた確率」[Bayes 1763, p. 382] という注を付している．$P(A \cap B)$ が $\frac{P}{N}$,

$P(B)$ が $\frac{b}{N}$, $P(A|B)$ が $\frac{P}{b}$ に対応し,命題 5 はいまの表記に変形すると式 (2.3) となる.

第 2 部では,ベイズ論文の冒頭で提示された問題に答えが与えられる.ベイズは次のように球を台に投げる事例を用いた.

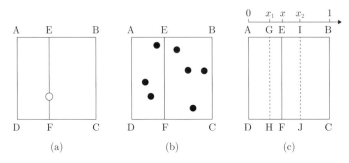

図 2.7 ベイズ論文における問題

まず,あなた以外のある人が,水平に置かれた一辺の長さ 1 の正方形の台 ABCD に白球を投げる.そして,あなたは白球の静止した位置を知らない状況で,その位置を推測したいとする.

さて,球を投げた人は,図 2.7(a) のように白球 W が静止した点を通り,辺 AD と平行になる線分 EF を引く.すると,台 ABCD は AEFD と EBCF の 2 つの範囲に分けられる.次に,その人が黒球を n 回投げると,図 2.7(b) のように黒球は AEFD の範囲に k 回,EBCF の範囲に $n-k$ 回静止した[28].ここで,あなたには線分 EF の位置(つまり,範囲 AEFD と EBCF)がどこにあるのかは知らされていないが,黒球がある線分を境に左側と右側にそれぞれ k 回と $n-k$ 回静止したという結果は知らされる.この条件のもとで,任意に線分 GH と IJ を辺 AD と平行に引いたとき,白球が静止した位置に引いた線分 EF が GIJH の範囲内にある確率を求める.それにより,あなたは白球の静止した線分 EF の位置を推定する[29].

ベイズはこの問題を解くため,球が台 ABCD のある範囲 GIJH 内に静止することを仮説 H とし,球を n 回投げて,ある(あなたは知らない)範囲内に k 回(その範囲外に $n-k$ 回)静止すること

[28] ベイズ論文の公準 2 (Postulate. 2.) にあたる.

[29] たとえば,k が 30 で $n-k$ が 70 なら,線分 EF が左から 0.3 の付近にあると推定したくなるだろう.しかしここでは,ぴったり 0.3 の位置にあると断言するのでなく,0.2 と 0.4 のあいだの長方形の範囲であれば高い確率で線分 EF を含んでいるとか,0.9 と 0.95 のあいだであれば確率はとても低いという推定をおこなう.すなわち,図 2.7(c) のように任意に与えられる線分 GH と IJ のあいだに白球が静止した確率を求める,というのがここでの問題である.

をデータ D とする[30]．また，AE の長さ（白球の位置）を x，AG の長さを x_1，AI の長さを x_2 とする．ベイズはこの問題をニュートンの求積法と呼ばれる古い手法で求めたが，いまでは積分[31]を用いて解くのが一般的なので，以下では積分を用いた解法を示す．

ベイズは，白球と黒球は台 ABCD のどの位置にも等しい確率で静止するという仮定を置く[32]．これは，白球と黒球を投げる各試行が独立で，かつ球の静止する位置が一様分布（すべての範囲で等確率な分布）という同一の分布に従うことを意味している．すなわち，各試行は 1.2.1 項で述べた独立同一分布に従うことが仮定されている．

ベイズはこの仮定から，球が線分 GH と IJ のあいだの範囲で静止する確率は辺 AB の長さに対する線分 GI の長さの比（$\frac{GI}{AB} = \frac{x_2 - x_1}{1} = x_2 - x_1$）であるという補助定理を引き出す[33]．また，球を 1 回投げてその球が AEFD に静止する確率は，辺 AB の長さに対する線分 AE の長さの比（$\frac{AE}{AB} = \frac{x}{1} = x$）であるという補助定理も引き出している[34]．これらの補助定理を微積分のかたちで表すと，球が x を含む幅 dx の微小区間に静止する確率は辺 AB との比をとって，$\frac{dx}{1} = dx$ となる．この確率 dx が事前確率 $P(H)$ にあたる．

ベイズは続いて $P(D|H)$ を求める．球投げの結果は，AEFD に静止するか，AEFD 以外の EBCF に静止するかの 2 種類だけである．ベイズはこれらの結果をそれぞれ「成功」と「失敗」と呼んだ．また，AEFD の範囲内に静止する成功確率 x は一定であり，その範囲外 (EBCF) に静止する失敗確率 $1 - x$ も一定である．さらに，それぞれの球投げの試行は独立である．この 3 つの条件を満たす試行は「ベルヌーイ試行」と呼ばれる．n 回のベルヌーイ試行でちょうど k 回成功する（$n - k$ 回失敗する）確率は，

$$\binom{n}{k} x^k (1 - x)^{n-k} \tag{2.12}$$

である[35]．これが $P(D|H)$ である．球が範囲 AEFD 内に静止する確率が x で，その回数が k 回であり，その範囲外 EBCF に静止する確率が $1 - x$ で，その回数が $n - k$ 回である．

そして，ベイズが論文の第 1 部で求めた式 (2.10) より，球が微小区間 dx に静止するときの $P(H \cap D)$ は，

[30] 繰り返しになるが，ベイズはこのデータを公準 2 として仮定する．

[31] AE の長さ x は連続量なので，2.2.1 項で述べたように積分を用いる．

[32] ベイズ論文の公準 1 にあたる．公準 1 は，「正方形の台 ABCD が水平に置かれているとする．球 O と W のどちらかをその台に投げると，球は平面のどの均等な範囲に静止する確率も同じであり，かつ球は必ず台のどこかに静止するものとする」[Bayes 1763, p. 385] という仮定である．

[33] ベイズ論文の補助定理 1 (Lem. 1.) にあたる．

[34] ベイズ論文の補助定理 2 にあたる．

[35] 二項分布として確率論や統計学の教科書に載っている．「二項係数」と呼ばれる $\binom{n}{k} = \frac{n!}{k!(n-k)!}$ は，n 個のなかから k 個選ぶときの組合せの総数で，$_nC_k$ とも記される．

$$P(H \cap D) = P(D|H)\,P(H) = \binom{n}{k}x^k\,(1-x)^{n-k}\,dx \quad (2.13)$$

となる. また, 球が GIJH の範囲に静止するとき, すなわち $x_1 \leqq x \leqq x_2$ のとき, $P(H \cap D)$ は,

$$P(H \cap D) = \int_{x_1}^{x_2}\binom{n}{k}x^k\,(1-x)^{n-k}\,dx \quad (2.14)$$

となる. これは式 (2.6) のベイズの定理の右辺の分子にあたる[36].

ベイズの定理の右辺の分母は $P(D)$ であり, これは全範囲, すなわち $0 \leqq x \leqq 1$ の範囲にわたる $P(H \cap D)$ である. よって, $P(D)$ は

$$P(D) = \int_0^1 \binom{n}{k}x^k\,(1-x)^{n-k}\,dx \quad (2.15)$$

となる[37]. この式は, 次のように変形できる.

$$\begin{aligned}
P(D) &= \binom{n}{k}\int_0^1 x^k\,(1-x)^{n-k}\,dx \\
&= \binom{n}{k}B(k+1, n-k+1) \\
&= \binom{n}{k}\frac{\Gamma(k+1)\Gamma(n-k+1)}{\Gamma(n+2)} \\
&= \frac{n!}{k!\,(n-k)!}\frac{k!\,(n-k)!}{(n+1)!} = \frac{1}{n+1} \quad (2.16)
\end{aligned}$$

ここで, $B(k, n-k) = \int_0^1 x^{k-1}(1-x)^{n-k-1}dx$ はベータ関数, $\Gamma(n) = \int_0^\infty x^{n-1}e^{-x}dx$ はガンマ関数[38]で, 両者のあいだには, $B(k, n-k) = \frac{\Gamma(k)\Gamma(n-k)}{\Gamma(n)}$ の関係式が成り立つことを用いている. 以上で, ベイズの定理の右辺が求まった. したがって, ベイズの定理より, 事後確率 $P(H|D)$ は式 (2.14) と式 (2.16) を用いると,

$$\begin{aligned}
P(H|D) &= \frac{P(H \cap D)}{P(D)} = \frac{\int_{x_1}^{x_2}\binom{n}{k}x^k\,(1-x)^{n-k}\,dx}{\int_0^1 \binom{n}{k}x^k\,(1-x)^{n-k}\,dx} \\
&= (n+1)\frac{n!}{k!\,(n-k)!}\int_{x_1}^{x_2}x^k\,(1-x)^{n-k}\,dx \\
&= \frac{(n+1)!}{k!\,(n-k)!}\int_{x_1}^{x_2}x^k\,(1-x)^{n-k}\,dx \quad (2.17)
\end{aligned}$$

[36] ベイズ論文の命題 8 にあたる.

[37] ベイズ論文の系 (Corollary) にあたる. 系とは, 他の定理などからすぐに導き出せるものである.

[38] n が非負の整数のとき, $\Gamma(n+1) = n!$ が成り立つ.

となる[39].

　ちなみに，式 (2.17) はベイズ論文の規則 1 (RULE. 1.) にあたる．ベイズはニュートンの求積法で計算し，以下の結果を得た [Dale 1999, p. 39]．

$$P(H|D) = (n+1)\binom{n}{k}\left[\frac{x_2^{k+1}}{k+1} - \binom{n-k}{1}\frac{x_2^{k+2}}{k+2}\right.$$
$$+ \binom{n-k}{2}\frac{x_2^{k+3}}{k+3} - \cdots - \left\{\frac{x_1^{k+1}}{k+1}\right.$$
$$\left.\left. - \binom{n-k}{1}\frac{x_1^{k+2}}{k+2} + \binom{n-k}{2}\frac{x_1^{k+3}}{k+3} - \cdots\right\}\right]$$
(2.18)

　ベイズ論文の冒頭で提示した問題では，「ある未知の出来事が生じた回数と生じなかった回数が与えられた」とあるが，これがそれぞれ k 回と $n-k$ 回というデータ D にあたる．「1 回の試行でその出来事の生じる確率[40]」が x であり，その確率が「2 つの確率のあいだにある」という仮説 H は，$x_1 \leqq x \leqq x_2$ ということである．ベイズ論文の第 1 部でベイズの定理は明示的に導出されていないが，第 2 部ではデータ D が得られた後の仮説 H の事後確率 $P(H|D)$ を求めるために，いわゆる**ベイズの定理**を用いているのがわかるだろう．

2.2.3　ヒュームの懐疑へのベイズ主義的対応策

　ベイズは帰納やヒュームについて言及していないので，ベイズ本人がヒュームの懐疑を意識していたかは定かではない．『異端の統計学 ベイズ』の著者シャロン・バーチュ・マグレインは，ベイズの業績について次のように述べている．

　　ベイズの業績が大いに称賛されている現状を考えるにつけ，逆にここでベイズが成し遂げなかったことを確認しておくことが重要だ．まず，ベイズは現代版のベイズの法則を作ったわけではない．それどころか，ベイズは代数方程式も使わず，幾何学を用いた時代遅れなニュートン流の表記法で面積を計算したり足したりしていた．しかもベイズは，この定理を強力な数学的手法へと展開したわけではなかった．そして何よりも，プライスと違って，ヒュー

39) 以上の数式の大半は，ベイズの論文と異なる表記にした．この問題は，今日のベイズ統計学の教科書では，二項分布モデルとその共役分布であるベータ分布として紹介されている．事前分布をベータ分布の特別な場合である一様分布にし，データで事後分布に更新すると，やはりベータ分布になる．それを x_1 から x_2 まで積分したのが式 (2.17) の解答である．

40) 正確には，確率密度．

046 2 帰納がもたらす後ろめたさへの対応策

ムや宗教や神には言及しなかった [マグレイン 2013, pp. 36–37].

このように，ベイズはヒュームに言及していない[41]．実際，ベイ
ズ論文の本編では，2.2.2 項で扱った数学の問題を解くことに専念
していた．ベイズの解法がヒュームによる帰納の問題の解決に
なりうると判断したのはプライスである．プライスがベイズの論文
は帰納推論の基礎を与えてくれると評価したのである．
　プライスはベイズの論文の序文で次のように述べている．

　　賢明な人はみな，ここで言及されている問題が単なる偶然論におけ
　　る奇妙な思弁にとどまるものではなく，過去の事実と今後起こり
　　うる事柄に関するすべての推理を確実にするために，解決される
　　必要があることを理解している．（中略）しかし，この問題を詳細
　　に論じなければ，実験をどの程度繰り返せば結論が確証 (confirm)
　　されるのかは少なくとも正確に決められない．この問題は，**類推**
　　や**帰納の推理**の強さを明確に説明しうる人なら誰にでも考察の必
　　要がある [Bayes 1763, pp. 371–372, 強調は原著者].

ここでの問題とは，ベイズが論文の冒頭で示した 2.2.2 項の問題
を指す．また，「過去の事実と今後起こりうる事柄に関するすべて
の推理」とは，帰納推論のことである．プライスは，ベイズの解
法が実験を繰り返してデータが増えることで仮説を確証[42]できる
ことを示すと考え，また事後確率 $P(H|D)$ が帰納推論の強さにつ
ながるとも述べている．
　では，なぜベイズの解法がヒュームの問題の解決と考えられる
のだろうか．プライスはベイズ論文に加筆した付録で次のように
述べる．

　　自然の対象についておこなわれるとされる初めての実験において，
　　そうした対象のなかである特定の変化の後に起こりうる 1 つの出
　　来事だけが私たちに知らされる．しかし，その実験では自然の斉
　　一性についてのどんな考えも私たちには示唆してくれないだろう
　　し，その事例か別の事例ではその作用が不規則的でなくて規則的で
　　あったと理解する最小限の理由しか与えないだろう．だが，その
　　すぐ後の複数回の実験で同じ出来事が続けば，ある程度の斉一性
　　が観察されるだろう．すると，さらなる実験で同じ結果が得られ

41) マグレインが，ベ
イズは「宗教や神に言
及しなかった」と述べ
ているのは，ヒューム
が帰納の正当性だけで
なく，宗教も手厳しく
批判したからである．
一方，ベイズもプライ
スも長老派の牧師で
あるため，宗教を擁護す
る立場であった．

42) 検証と確証のちが
いは，COLUMN 1.3
を参照．

ると期待される理由が与えられ，目下の問題の解法の指示する通りの計算がおこなわれることになるだろう [Bayes 1763, p. 409].

プライスは，1回の実験では**自然の斉一性**，すなわち未来は過去に似ていることを観察できないが，複数回の実験で同じ出来事が生じれば自然の斉一性を観測できると述べている．ヒュームの懐疑によると，帰納の前提に自然の斉一性が仮定されており，そして自然の斉一性の仮定は合理的に正当化できなかった．それに対してプライスは，繰り返し実験で同じ結果が続くのであれば，ベイズの解法を用いて自然の斉一性を観測できると考えた．

　プライスはすぐ後で，ヒュームも用いた太陽が昇る事例をもとにそのことを説明する．

　　この世に生まれてきたばかりで，出来事の順序や流れに関する自
　　身の観察によって，この世界に生じる力や原因についての情報を
　　集めなければならない人の事例を考えてみよう．太陽がおそらく
　　その人の注意を最初に引く対象だろう．だが，最初の夜に姿を消
　　した太陽を再び目にすることになるかどうかは，その人にはまっ
　　たくわからない．それゆえ，その人はまったく未知の出来事を初
　　めて経験する人のような状態にあるだろう．だが，2回目の太陽
　　の出現，すなわち1回目の太陽の再来をその人が目にし，2回目
　　の再来が起こることの期待が上がったとすれば，その出来事が生
　　じる確率は3対1のオッズ［$3/(3+1) = 3/4$ の確率］であること
　　を知るだろう．すでに示したように，その人が目にする太陽の再
　　来の回数とともに，この見込みも上がっていく．ただし，絶対的
　　な確実性や物理的確実性を生み出すには，再来する回数が有限だ
　　と十分でないだろう．太陽が規則的で決まった時間間隔で100万
　　回再来するのをその人が見たとしよう．このことから，2の100
　　万乗対1のオッズ［$2^{1,000,000}/(2^{1,000,000} + 1)$ の確率］[43] で，太
　　陽が通常の時間間隔の後，次に再来しそうだという結論が保証さ
　　れるだろう [Bayes 1763, pp. 409–410].

[43]　このオッズはプライスの誤りであり，正しくは2の100万1乗対1のオッズ，すなわち$2^{1,000,001}/(2^{1,000,001} + 1)$ の確率である [Dale 2003, p. 328].

プライスは，太陽が昇ることを観察する事例を用い，観察結果に応じて，次の日に太陽が昇ることの確率をベイズの解法によって計算している．ただしプライスは，ベイズの置いた**一様分布**の仮定に従い，生まれたばかりで太陽が昇るのを観察したことのない

人が，次の日に太陽は昇ると考える確率を 1/2，太陽は昇らない
と考える確率を 1/2 という**等確率**としている．つまり，太陽が昇
ることの事前確率は 1/2 である．そして，太陽が昇ることを 1 回
観察したという条件のもとで，次の日も太陽が昇るという仮説の
確率は，ベイズの定理を用いて計算すれば，3/4 となる．これは，
式 (2.17) のベイズの定理に $n = 1$，$k = 1$，$x_1 = \frac{1}{2}$，$x_2 = 1$ を代
入すれば，次のように求まる．

$$
\begin{aligned}
P(H|D) &= \frac{(n+1)!}{k!\,(n-k)!} \int_{x_1}^{x_2} x^k (1-x)^{n-k} dx \\
&= \frac{2!}{1!0!} \int_{\frac{1}{2}}^{1} x^1 (1-x)^0 dx \\
&= 2 \int_{\frac{1}{2}}^{1} x\,dx = 2 \left[\frac{x^2}{2} \right]_{\frac{1}{2}}^{1} = 2 \left(\frac{1}{2} - \frac{1}{8} \right) = \frac{3}{4} \quad (2.19)
\end{aligned}
$$

これが，プライスの上の引用にある「3 対 1 のオッズ [3/(3 + 1) =
3/4 の確率]」の解法である[44]．つまり，次の日に太陽が昇ると
いう仮説への信念の度合いは，1 回太陽が昇ったというデータに
よって，1/2 から 3/4 に上昇したのである．

　さらにプライスは，太陽が昇ることの事前確率 x と昇らないこ
との事前確率 $1 - x$ が等しく，これまでの n 回の観察のうち太陽
が昇ったことの観察回数が k 回で，昇らなかったことの観察回数
が 0 $(n - k = 0)$ 回のときに（つまり $n = k$），次の日に太陽が昇
る確率が $\frac{1}{2}$ 以上（つまり $\frac{1}{2} \leqq x \leqq 1$）である確率の一般的な解法
を以下のように示している．

$$
\begin{aligned}
P(H|D) &= \frac{(n+1)!}{k!\,(n-k)!} \int_{x_1}^{x_2} x^k (1-x)^{n-k} dx \\
&= \frac{(k+1)!}{k!} \int_{\frac{1}{2}}^{1} x^k dx \\
&= (k+1) \left[\frac{x^{k+1}}{k+1} \right]_{\frac{1}{2}}^{1} = (k+1) \left[\frac{1^{k+1}}{k+1} - \frac{\left(\frac{1}{2}\right)^{k+1}}{k+1} \right] \\
&= 1 - \frac{1}{2^{k+1}} \quad (2.20)
\end{aligned}
$$

プライスは，100 万回太陽が昇ったことを観察したときに，次の
日に太陽が昇る確率が $\frac{1}{2}$ 以上である確率を求め，その値が「2 の
100 万乗対 1 のオッズ [$2^{1,000,000}/(2^{1,000,000} + 1)$ の確率]」とし

[44] 実際，プライス
はベイズの古い解法
（式 (2.18)）を用い，
$(n+1)$
$\left(\frac{x_2^{k+1}}{k+1} - \frac{x_1^{k+1}}{k+1} \right)$ を
計算して，この値を
求めている [Bayes
1763, p. 405].

ている．これは，式 (2.20) に $k = 1,000,000$ を代入すればおよそ求まる[45],[46]．

式 (2.20) をみればわかるように，太陽が昇るという同じ結果が続けて観察されればされるほど，つまり k が大きくなればなるほど，次も太陽が昇る確率が 1/2 以上であることの確率が高まるのである．100 万回観察されれば，その確率は $2^{1,000,001}/(2^{1,000,001}+1)$ となるのではほぼ1，すなわちほぼ確実といってもよいであろう．100 万回も観察しなくても，100 回観察するだけで，$\frac{2^{101}}{2^{101}+1} \fallingdotseq 0.999\cdots$ という非常に高い確率になる．こうしたことから，プライスはベイズの解法がヒュームの懐疑の解決になると踏んだのである．

プライスはベイズの解法を用いて，次の日に太陽が昇る確率が $\frac{1}{2}$ 以上であるという仮説の事後確率を求めた．しかし，残念ながらベイズ論文は一般的に認知されることはなく，多くの論文のなかに埋もれていった．

ベイズの定理はその後，ピエール・ラプラスによってベイズとは独立に導出された．そして，ラプラスもベイズの定理を用いて，次の日に太陽が昇る確率を求めている．ラプラスは1814年の『確率の哲学的試論』の第7原理で次のように述べる．

> 未来の事象の確率は，観察された事象に基づく各々の原因の確率と，その原因が存在すると仮定したときのその未来の事象の確率との積をとり，それらの積すべての和をとったものである [ラプラス 1997, pp. 34–35].

ラプラスは，過去 n 回のうちある出来事が k 回成功し，$n-k$ 回失敗したという条件のもとで，次の $n+1$ 回目にその出来事が成功する確率を求めた．ここで，この過去 n 回の結果を D と表し，次の $n+1$ 回目に成功するという出来事を D' と表すと，ラプラスが求めたのは $P(D'|D)$ という確率である．ただし，成功する確率を x，失敗する確率を $1-x$ とし，それぞれ一定とする．2.2.1 項の式 (2.9) の全確率の法則によると，

$$P(D'|D) = \int_0^1 P(D'|H)\,P(H|D)\,dH$$

となる．ここで，右辺の $P(D'|H)$ は，ある出来事が成功する確率が x という仮説のもとで，$n+1$ 回目にその出来事が成功する確

45) 注 43 で指摘したように，正しくは $2^{1,000,001}/(2^{1,000,001}+1)$ の確率である．また，式 (2.20) より，$P = 1 - \frac{1}{2^{k+1}}$，$1-P = \frac{1}{2^{k+1}}$ であるので，オッズは $\frac{P}{1-P} = 2^{k+1}-1$ となり，k が大きいときはほぼ 2^{k+1} となる．

46) 式 (2.20) に $k = 1$ を代入すれば，式 (2.19) となる．

050 | 2 帰納がもたらす後ろめたさへの対応策

率を表す．ある出来事が成功する確率 x は一定なので，$n+1$ 回目にその出来事が成功する確率も x となり，それゆえ $P(D'|H)$ は x となる．また，右辺の $P(H|D)$ は事後確率である．条件付き確率の定義をあてはめると，$P(H|D) = \frac{P(H \cap D)}{P(D)}$ となり，分子は式 (2.13)，分母は式 (2.15) で与えられたから，これらを代入すると，$P(D'|D)$ は以下のようになる．

$$
\begin{aligned}
P(D'|D) &= \frac{\int_0^1 x \binom{n}{k} x^k (1-x)^{n-k} \, dx}{\int_0^1 \binom{n}{k} x^k (1-x)^{n-k} \, dx} \\
&= \frac{\int_0^1 x^{k+1} (1-x)^{n-k} dx}{\int_0^1 x^k (1-x)^{n-k} dx} \\
&= \frac{\Gamma(k+2)\,\Gamma(n-k+1)}{\Gamma(n+3)} \Big/ \frac{\Gamma(k+1)\,\Gamma(n-k+1)}{\Gamma(n+2)} \\
&= \frac{(k+1)!\,(n-k)!}{(n+2)!} \, \frac{(n+1)!}{k!\,(n-k)!} = \frac{k+1}{n+2} \qquad (2.21)
\end{aligned}
$$

ただし，式 (2.21) の 2 行目から 3 行目の展開では，2.2.2 項で導入したガンマ関数を用いた．ラプラスは，式 (2.21) を「ある事象が連続して何回か生じた後で次もまた生じる確率は，その回数に 1 を加えた値を分子とし，同じ回数に 2 を加えたものを分母とする分数となる」[ラプラス 1997, p. 36] と表現している．ちなみに，この式は「ラプラスの継起の規則」と呼ばれている．

ラプラスは太陽が昇る事例にこの式を適用して，次のように述べる．「たとえば，歴史の最も古い時代を五千年前に遡るとすれば，1,826,213 日が経過し，この期間中，二十四時間の一回転ごとに太陽は常に昇ったことになる．そこで，太陽が明日もまた昇ることについては 1 に対する 1,826,214 の賭率 [(1,826,213 + 1)/(1,826,213 + 2) = 1,826,214/(1,826,214 + 1) の確率] を与えることができる」[ラプラス 1997, p. 36]．つまり，過去 1,826,213 回太陽が昇ったというデータのもとで，次の日に太陽が昇る確率は，1,826,214/1,826,215 ≒ 1 となり，次の日に太陽が昇ることはほぼ確実だと考えらえるわけである．

このように，ベイズ主義によると，仮説に有利なデータが増えると，仮説についての事後確率が大きくなっていく．過去に太陽が昇ったというデータが増えれば，次の日に太陽が昇ることが正しいと考える度合い，つまり信念の度合いは 1 に近づいていく．事

継起の規則：the rule of succession

後確率がちょうど1にならなくても，ほぼ1にはなりうる．ベイズ主義にとってはそれで十分である．ポパーのように，ヒュームの懐疑を受け入れて，帰納を排除するのは1つの方略であるかもしれないが，それでは捨てるものが多すぎはしないだろうか．ベイズ主義は，確率が1にならなくても，ほぼ1になることが示されるのであれば，帰納は十分有用であると考える．これが，ヒュームの懐疑に対するベイズ主義的対応策である．

COLUMN 2.4

ベイズ主義のその後の展開とベイズ統計学の興隆

ベイズ主義は20世紀前半に数学的な基礎付けがおこなわれる．1926年にイギリスの数学者フランク・ラムジーが，1930年にイタリアの統計学者ブルーノ・デ・フィネッティが，それぞれ独立に「**ダッチブック論証** (Dutch book argument)」と呼ばれる証明をおこなった．ダッチブックとは，一連の賭けで賭博師が必ず損をする賭けのことである．ベイズ主義は確率概念を信念の度合いとして解釈する．ダッチブック論証によると，信念の度合いが**整合的** (coherent) であるならば，信念の度合いは確率論の公理を満たし，その逆も成り立つ．ここで，整合的とは，ダッチブックを被らない，すなわち一連の賭けで賭博師が損をしないということである．この論証は，信念の度合いは確率計算ができることの数学的基盤を与え，確率概念を信念の度合いと解釈する有力な論拠とされている [ギリース 2004, 第4章；チルダーズ 2020, 第3章].

また，1954年にレオナード・ジミー・サヴェッジが『統計学の基礎』を出版し，**意思決定理論**の基礎付けをおこない，ベイズ主義の新たな道を開いた．サヴェッジは，デ・フィネッティらの影響により，確率概念を個人の信念の度合いと解釈し，意思決定理論に数学的な証明を与えた．サヴェッジは，行為の**選好**の順序が期待効用の大小関係と同じことや，行為の選好がベイズの規則に従うことを示した．当時，かげりが見られていたベイズ主義は，サヴェッジや COLUMN 2.2 に登場したグッド，ダニエル・リンドレーらにより，ネオ・ベイズ主義として再興することになる．

さらに，20世紀後半にベイズ統計学の実用化が進む．1972年にダニエル・リンドレーとその弟子のエイドリアン・スミスが**階層ベイズモデル**を考案する．従来のモデル（仮説）ではパラメータは1つであったが，階層ベイズでは従来のモデルでは扱えない高次元パラ

メータの複雑なモデルが扱えるようになる．しかし，1972 年の当時，複雑な計算をするコンピュータが発展していなかったため，高次元パラメータの事後分布の計算が困難であり，階層ベイズは絵に描いた餅であった．その後，1990 年にアラン・ゲルファンドとスミスが物理学で用いられていた**マルコフ連鎖モンテカルロ法**を用いて，離散分布から連続分布を計算し，事後分布を求めた．マルコフ連鎖は，未来の状態が現在の状態だけで決まり，過去の状態は無関係な過程である．モンテカルロ法は，乱数を用いてシミュレーションや数値計算をする方法であり，面積や体積の計算に利用できる．マルコフ連鎖モンテカルロ法は，多変量の確率分布からマルコフ連鎖を用いて乱数を生成させて，サンプルを抽出するアルゴリズムであり，これにより高次パラメータの事後分布の計算が可能となった．また，コンピュータの発展が追い風になり，階層ベイズモデルが実用化し，ベイズ統計学が興隆に向かうことになる [森元 2021b]．

統計思考にまつわる モヤモヤ感：誤差論的 思考と集団的思考

本章では，統計学を使うときの思考法にまつわるモヤモヤ感について検討する．3.1 節では，私たちの常識に根付いている正常と異常の考え方について，古代ギリシアのアリストテレスにまでさかのぼる．正常と異常の区別は統計学と関係ないように思うかもしれないが，じつは分布の捉え方に関係している．それについては本書後半の主題となる．3.2 節では，誤差論における分布の捉え方を見ることにする．誤差論では，測定値から誤差を取り除いて真値を求めようとする．その方法を確認しつつ，誤差論的思考を理解する．この誤差論的思考はアリストテレスの考え方と重なる部分がある．ダーウィンの進化論を数学的に精緻にする過程で，統計思考の礎が築かれた．それが集団的思考と呼ばれるものである．統計学を使うときに抱くモヤモヤ感の大きな要因は誤差論的思考で分布を捉えていることにあるだろう．統計学を使うときは，統計思考に頭を切り替える必要がある．

3.1　アリストテレスの自然状態モデル

生物は互いに似ているところがたくさんあるが，異なる点も多い．鳥は互いに羽や嘴をもつという共通点がある一方で，羽の色や嘴の大きさなどさまざまな点で異なる．貝殻の形態の多くはうず巻き状のパターンを示すが，うずの巻き方はさまざまである．このような生物間の形態や性質などの違いを**変異**と呼ぶ．この変異を説明するのに，**正常**と**異常**という言葉を用いることがある．

図 3.1(a) は，よく見るアンモナイトの殻の化石である．一方，図 3.1(b) もアンモナイトの化石である．こちらはあまり目にした

変異：variation

ことがないかもしれない．みなさんは正常と異常をどういう基準で区別しているだろうか．よく見る図 3.1(a) の化石は正常で，あまり目にしない図 3.1(b) のような化石は異常だろうか．つまり，よく目にするかどうかが基準なのだろうか．あるいは，図 3.1(a) のような形態のパターンを対数らせんと呼ぶが，このパターンがアンモナイトの殻の形態の本質であるから正常とみなすのだろうか．対して，図 3.1(b) のアンモナイトは対数らせんのパターンを示さないから本質を欠き，異常だとみなすのだろうか．

(a)　　　　　　　　(b)

図 3.1　アンモナイト [Okamoto 1988, p. 49].

図 3.2 は，現代進化論の創始者チャールズ・ダーウィンの『ビーグル号航海記』に載っているフィンチという鳥である．嘴を見ると，形態が異なっているのがわかる．どのフィンチの嘴が正常で，どれが異常だろうか．アンモナイトを区別したときと同じ基準で正常と異常を分けているだろうか．生物を正常と異常に区別する基準は何だろうか．

正常と異常の区別の起源は，古代ギリシアのアリストテレスまでさかのぼることができる．アリストテレスは『動物誌』のなかで，哺乳類の出産における胎仔について次のように述べる．「どんな動物もみな同じように初めは頭を上にしているが，成長して母体から出る時期が近づいてくると，頭を下のほうに回転させる．自然 (natural) な出産ではどの動物もみな頭から先に出るが，異常 (abnormal) な場合は体を折り曲げて足から先に出てくる」[*History of Animals*, 586b]．妊娠中期まで胎仔は子宮内でさまざまに体勢

図 **3.2** フィンチの嘴 [Dariwn 1839, p. 402]. ダーウィンの『ビーグル号航海記』に記載されているフィンチという鳥の嘴の絵である. 1. オオガラパゴスフィンチ (*Geospiza magnirostris*), 2. ガラパゴスフィンチ (*Geospiza fortis*), 3. コダーウィンフィンチ (*Geospiza parvula*), 4. ムシクイフィンチ (*Certhidea olivasea*).

を変えるが,出産が近づくと頭を下に向けた状態になる. アリストテレスによると,これが出産の正常 (normal) あるいは「自然」な状態である. 一方,出産間近になっても胎仔の頭が下にならない,いわゆる逆子の場合,「異常」あるいは不自然 (unnatural) な出産である[1]. アリストテレスは出産の例の他にも,ウマの交配について,「繁殖期になると雌ウマは互いに身を寄せあい,尻尾を絶えず振って,鳴き声は異常に大きくなる」[*History of Animals*, 572a] と説明したり,「雄ウマと雌ロバ,または雄ロバと雌ウマが交配すると,交配相手が正常なときよりも流産する可能性がはるかに高い」[*History of Animals*, 577b] と述べたりしている.

アリストテレスは『自然学』のなかで,自然と不自然,正常と異常の区別を詳しく説明している. 彼はこの区別を生物に限らず,物体全般にも用いている.

> それ自体として動くものには,それ自体によって動かされるものもあれば,他のものによって動かされるものもある. 前者の場合,運動は自然であり,後者の場合,運動は強制的で不自然である. たとえば,あらゆる動物がそうであるように,それ自体によって動かされる運動は自然である(というのも,動物が動くとき,その

[1] アリストテレスは「自然」の対義語として「異常」という言葉を用いているので,ここでは自然と正常,不自然と異常をそれぞれ交換可能なものとして用いる.

図 3.3 アリストテレス

運動は動物自体によるからである．ものの運動の源がそのもの自体にあるときはいつも，その運動を自然的と呼ぶ．したがって，動物は全体としてそれ自体を自然に動かす．ところが，動物のからだは自然に動くこともあれば，不自然に動くこともある．それは，からだにたまたま受ける運動の種類と，その運動を構成する要素に依存する）．次に，他のものによって動かされる運動については，自然な場合もあれば不自然な場合もある．不自然な例として，土のようなものが上向きに運動することや火が下向きに運動することがある．また，動物の諸部分は多くの場合，不自然に，すなわちその諸部分の［本来の］位置と運動の［本来の］特徴に反して異常な仕方で動く [*Physics*, 254b12–b32]．

要するに，アリストテレスは外から力が加えられるかどうかで自然・不自然，正常・異常を区別している．外から力が加えられずにそれ自体として運動していれば，自然ないし正常な状態である．一方，外から力が加えられることで動いていれば，不自然ないし異常な状態である．自由落下する石や上向きに燃える火は自然な状態であり，投げ上げられた石や下向きに燃える火は不自然な状態である [ロイド 1973, p. 118]．また，出産が近づくと胎仔が頭を下に向ければ正常な状態で，何らかの干渉力がはたらき胎仔の頭が下に向かなければ異常な状態である．

科学哲学者のエリオット・ソーバーは，こうしたアリストテレスの説明方式を**自然状態モデル**と呼んだ [Sober 1980]．自然状態モデルでは，どのようなものにもそれ本来の存在の仕方や場所があり，その本来的な姿を正しく把握することが**本質**の理解につな

自然状態モデル：na-tural state model

がるとされる．そして，本来的な姿は正常あるいは自然な状態とされる．一方，何らかの力が干渉して本来的な姿から**逸脱**した状態は異常あるいは不自然とされる[2]．ただし，正常がよくて異常が悪いといった価値は含まれていないことに注意が必要である．上向きに燃える火がよくて，投げ上げられた石が悪いわけではない．あくまで，アリストテレスによる正常と異常の区別は干渉力がはたらくか否かであり，価値中立的である．

3.2 誤差論的思考

アリストテレスの自然状態モデルでは，生物や物体に何も力がはたらかない本来的で自然な状態が想定されている．そして，その対象に干渉力がはたらくとその状態からずれた不自然な状態になる．この考え方は 18 世紀以降に発展した**誤差論**の思考法と重なる [Sober 1980, p365]．

誤差論は天文学における観測の誤差を処理するために開発された理論である．同じ対象について複数回測定してみると，観測結果はいつも同じ値になるわけではなく，ばらつきが生じる．というのも，観測の際の環境や条件の違い，実験器具や実験者の影響などによって誤差が生じるからである．誤差論は，観測の際に生じるこうした誤差を考慮したうえで，ばらつきを伴う測定結果から真の値を推測する手法を提供してくれる．本節では，誤差論の考え方を紹介する．

ところで，図 3.4 のベル型の分布を何と呼ぶだろうか．

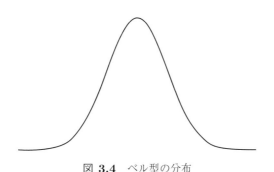

図 **3.4** ベル型の分布

[2] これはアリストテレスの「本質主義 (essentialism)」という考え方に基づいている．本質主義は，たとえば三角形に 3 つの辺をもつといった固有の性質があるように，事物には本質という固有の性質があるという考えである．本質は当の対象がもっていなければならない性質であり，その性質を失うと当の対象がその対象たりえなくなるものである．三角形は必ず 3 つの線分をもち，3 つの線分をもたなければ三角形ではない．このように，アリストテレスによると，正常とは事物に本質が備わった状態であり，異常とはそうした本質を欠いた状態である．

058 | 3 統計思考にまつわるモヤモヤ感：誤差論的思考と集団的思考

おそらく，「正規分布」と答える人が多いだろう．統計学の教科書にはそのように記載されている．あるいは，誤差論を学んだことがある人は「ガウス分布」や「ラプラス–ガウス分布」と答えるかもしれない．これらの名称はどれも同じ分布を指している[3]．なぜ同じ分布に異なる名称がついているのだろうか．そのたねは本節と 3.3 節で明かすことにするが，この呼び方の違いが正常と異常の区別に大きく関係しており，さらには統計学の思考の枠組みにも深く関わっている．

3) もともと，このベル型の分布は「誤差の法則 (the law of error)」や「指数分布 (the exponential distribution)」，「偏差の数学的法則 (the mathematical law of deviation)」などと呼ばれていた [Kruskal and Stigler 1997].

3.2.1 ガウスの功績

「正規分布」という名前の由来については 3.3.2 項で解説することにして，本節ではまず，「ガウス分布」や「ラプラス–ガウス分布」という名前の由来から見てみよう．これらの名称は，ドイツの数学者カール・フリードリヒ・ガウスと 2.2.3 項に登場したフランスのラプラスにちなんで付けられた．2 人はほぼ同時期に図 3.4 の分布を数学的に導き出した．その導出結果が，

$$f(x) = \frac{1}{\sqrt{2\pi\sigma^2}} e^{-\frac{(x-\mu)^2}{2\sigma^2}} \tag{3.1}$$

という式である．ただし，μ はこの確率分布の平均，σ^2 は分散を表す．

ガウスは，1809 年の『天体運動論』において，天体観測の際の測定誤差を解析し，誤差を処理して測定値から真値を推測する方法を導き出した．この手法は「**最小二乗法**」と呼ばれ，いまでも誤差論の基盤となっている．ガウスはその際に，式 (3.1) に近いベル型の分布の式も導き出している．いまの確率論や統計学の教科書では，二項分布の近似によってベル型分布を導出するのが一般的であるが，最小二乗法の文脈でも導出されている[4]．二項分布の近似による導出方法は教科書に記載されており，いまではよく知られている一方，誤差論の文脈での導出は教科書に記載されていないことも多いので，ここではガウスの導出の概要を見ることにする．その導出を通じて，誤差論では図 3.4 のベル型分布をどのように捉えるのかを理解しよう．

4) 椎名は，7 種類のベル型分布の導出を解説している [椎名 2013].

最小二乗法の先取権をめぐっては，フランスの数学者アドリアン・マリ・ルジャンドルとガウスのあいだで論争があった．最初に公表したのはルジャンドルであり，最小二乗法は 1805 年の小冊

図 **3.5** ガウスとルジャンドル

子『彗星の軌道決定のための新しい方法』のなかに登場する．しかし，ガウスは 1795 年から最小二乗法を用いていたといい張り，ルジャンドルとのあいだで論争が生じた．2 人の論争は解決には至らなかったが，ガウスが 1805 年より前から用いていたという主張には一理あるようである [Stigler 1986, pp. 145–146]．先取権争いはさておき，両者の大きな違いは，ルジャンドルの最小二乗法には確率論の枠組みがないのに対し，ガウスは確率論の枠組みのなかで最小二乗法を扱い，ベル型の分布を導出したことにある．ガウスの最小二乗法の研究は，1821 年から 1826 年にかけて出版された『誤差を最小に抑える観測の組合せ論』の三部作で結実する[5]．一方，ラプラスは 1812 年に『確率の解析的試論』のなかで，詳細な証明を与えている [Stigler 1986, Ch. 1; 安藤 1995, 第 8 章].

ガウスは誤差を**ランダム誤差**[6] と**定誤差**[7] の 2 つに区別する [Gauss 1821, 1995, p. 3]．ランダム誤差は偶然誤差とも呼ばれ，これらの呼び名はいまでも使われているが，定誤差は**系統誤差**と呼ばれることもある．ランダム誤差は，測定を繰り返すことによって明らかにできる実験誤差のことである．たとえば，目盛り線のあいだを読み取るときの観察者の判断におけるわずかな誤差や，機械的な振動による測定器のずれなどによってランダム誤差は生じる．一方，系統誤差は，繰り返しの測定によっては明らかにできない誤差のことである．系統誤差は，時計の遅れや定規の伸び，計測器のゼロ点のずれなどによって生じる [Tayler 2000, pp. 99–100]．ガウスは 2 種類の誤差を区別したうえで，ランダム誤差のみを取り扱い，系統誤差は考慮しないと明言する．ガウスにとって，系

[5] 前編が 1821 年，後編が 1823 年，補遺が 1826 年にゲッチンゲン王立科学協会に提出され，同協会の論文集に掲載された [安藤 1995, p. 161].

ランダム誤差：**random errors**

[6] ガウスは「不規則誤差 (irregular errors)」とも呼んだ.

定誤差：**constant errors**

[7] ガウスは「規則誤差 (regular errors)」とも呼んだ.

系統誤差：**systematic errors**

060 3 統計思考にまつわるモヤモヤ感：誤差論的思考と集団的思考

統誤差の要因を突き止めて排除するのは観察者の仕事であり，実験を注意深くおこなえばそれは可能なので，考慮する必要がないからである[8]．その後，誤差論はランダム誤差の処理を中心に発展する．一方，系統誤差の処理についてはフィッシャーがランダム化（無作為化）という方法を考案した．これについては，4.2.5項で説明する．

では，ランダム誤差をどう処理すればよいのだろうか．ガウスは惑星の軌道という，いわゆる非線形回帰を検討したが，ここでは簡単のため，同じ対象の単一の量を何度も観測する事例で考える．たとえば，惑星の地心黄緯や地心黄経[9]，一本の木の直径，人の身長など，同じ対象の単一の量を何度も測定することを想定してみるとよい．その対象の真の値を X，i 回目の観測値を x_i，i 回目の観測の誤差を ε_i とすると，i 回目の観測値は次のように表される．

$$x_i = X + \varepsilon_i \tag{3.2}$$

観測値は真値に誤差が加わった値である．私たちは真値を直接知ることができない．知ることができるのは観測値である．これが誤差論の大前提である．

ここで，ガウスは誤差について次の仮定をおく．ただし，誤差 ε が生じる確率を ε の関数 $p(\varepsilon)$ で表すことにする[10]．

仮定 1．同じ大きさの正と負の誤差は等しい確率で生じる[11]．
仮定 2．関数 $p(\varepsilon)$ を $-\infty$ から ∞ まで積すると 1 になる[12]．

さらに，すべての観測は互いに独立であることを仮定すると，n 個の観測値のすべての誤差が $d\varepsilon$ の範囲内に収まる確率は，

$$p(\varepsilon_1)d\varepsilon \cdot p(\varepsilon_2)d\varepsilon \cdots \cdot p(\varepsilon_n)d\varepsilon \tag{3.3}$$

となる．式 (3.2) より，ε_i を x_i と X で表すと，式 (3.3) は $p(x_1 - X)dx \cdot p(x_2 - X)dx \cdots \cdot p(x_n - X)dx$ となる．この確率の主要部分を誤差 ε でなく，真値 X の関数と考え，

$$\Omega(X) = p(x_1 - X)p(x_2 - X) \cdots p(x_n - X) \tag{3.4}$$

とする．

8) 実際の測定では系統誤差も重要で考慮しなければならないのだが，それは数学者の仕事ではないという含みもあるだろう．

9) 天体の位置を表すための座標系の 1 つに黄道座標系があり，これは地球の公転面を基準とした座標系である．地球から見たときの黄道座標系において，天球上の緯度と経度にあたるものをそれぞれ地心黄緯と地心黄経という．

10) 正確には，誤差がちょうど ε になる確率は 0 なので，誤差が ε と $\varepsilon + d\varepsilon$ のあいだの値をとる確率を $p(\varepsilon)d\varepsilon$ と表す，あるいは誤差 ε が生じる確率密度を $p(\varepsilon)$ で表すとすべきである．

11) すなわち，$p(\varepsilon) = p(-\varepsilon)$ である．

12) すなわち，$\int_{-\infty}^{\infty} p(\varepsilon)d\varepsilon = 1$ である．それゆえ，ε の絶対値が大きくなると，$p(\varepsilon)$ は 0 に収束する．

ガウスはさらに次の仮定を加える.

仮定 3. 関数 $\Omega(X)$ は真値 X が観測値の算術平均 $\overline{x} = \frac{x_1+x_2+\cdots+x_n}{n}$ のときに最大となる[13].

[13] すなわち, $X = \overline{x}$ のとき, $\Omega'(X) = 0$ となる.

これらの 3 つの仮定のもと, ガウスは誤差を表す関数が

$$p(\varepsilon) = \frac{h}{\sqrt{\pi}} e^{-h^2 \varepsilon^2} \tag{3.5}$$

であることを導いた. それに加え, 算術平均が観測値の誤差の二乗和を最小にすることも示した. すなわち, **最小二乗法**である. これがガウスによる導出の結果である.

式 (3.5) の $p(\varepsilon)$ の導出において, ガウスはまず $p(\varepsilon)$ の導関数 $p'(\varepsilon)$ を用いて次の関数方程式を導く.

$$\frac{p'(a\varepsilon)}{p(a\varepsilon)} = a\frac{p'(\varepsilon)}{p(\varepsilon)} \tag{3.6}$$

ただし, a は定数である.

COLUMN 3.1

関数方程式の導出

式 (3.4) の両辺の対数をとり, X で微分すると, $\frac{d}{dX}\log\Omega(X) = \frac{d}{dX}\sum_{i=1}^{n}\log p(x_i - X)$ となり, これを解くと, $\frac{\Omega'(X)}{\Omega(X)} = -\sum_{i=1}^{n}\frac{p'(x_i-X)}{p(x_i-X)}$ となる. 仮定 3 より, $X = \overline{x}$ のときに $\Omega'(X) = 0$ なので, $\sum_{i=1}^{n}\frac{p'(x_i-\overline{x})}{p(x_i-\overline{x})} = 0$ となる. この式は観測値 x_i の任意の値について成立するので, $x_1 = X, x_2 = x_3 = \cdots = x_n = X - ny$ (y は任意の実数) のときも成り立たなければならない. すると, $\overline{x} = X - (n-1)y$ となり, これを代入すると, $\frac{p'((n-1)y)}{p((n-1)y)} + (n-1)\frac{p'(-y)}{p(-y)} = 0$ となり, $\frac{p'((n-1)y)}{p((n-1)y)} = -(n-1)\frac{p'(-y)}{p(-y)}$ が得られる. 仮定 1 より, $p(y) = p(-y)$ となるので, 両辺を微分すると, $p'(y) = -p'(-y)$ となる. よって, $\frac{p'((n-1)y)}{p((n-1)y)} = (n-1)\frac{p'(y)}{p(y)}$ が得られ, これは一般に式 (3.6) のかたちになっている.

一般に, 任意の実数 a について, $f(ax) = af(x)$ を満たす関数は, $f(x) = bx$ のみである (b は任意の定数). よって, 式 (3.6) を満たす関数 $p(\varepsilon)$ は

$$\frac{p'(\varepsilon)}{p(\varepsilon)} = b\varepsilon \tag{3.7}$$

062 | 3 統計思考にまつわるモヤモヤ感：誤差論的思考と集団的思考

という微分方程式のかたちとなる．式 (3.7) の左辺は $(\log p(\varepsilon))'$ と書けるので，両辺を積分すると，

$$p(\varepsilon) = Ce^{\frac{b\varepsilon^2}{2}} \tag{3.8}$$

が得られる．ただし，C は積分定数である．仮定 2 より，$\lim_{\varepsilon\to\pm\infty} p(\varepsilon) = 0$ であるので，$b < 0$ である[14]．わかりやすさのため，$h^2 = -\frac{b}{2}$ と置き換えると，式 (3.8) は，

$$p(\varepsilon) = Ce^{-h^2\varepsilon^2} \tag{3.9}$$

と書き換えられる[15]．仮定 2 の**確率密度関数** $p(\varepsilon)$ の全積分は 1 であるという条件より，

$$\int_{-\infty}^{\infty} p(\varepsilon)d\varepsilon = \int_{-\infty}^{\infty} Ce^{-h^2\varepsilon^2} d\varepsilon = C\frac{\sqrt{\pi}}{h} = 1 \tag{3.10}$$

となる[16]．これより，$C = \frac{h}{\sqrt{\pi}}$ が求まり，

$$p(\varepsilon) = \frac{h}{\sqrt{\pi}}e^{-h^2\varepsilon^2} \tag{3.11}$$

が得られる．1809 年のガウスによるベル型分布の導出はここで終わりであるが，確率分布を考えるとき，その分散が σ^2 であるという条件を加えれば，$h = \frac{1}{\sqrt{2\sigma^2}}$ となり，式 (3.11) に代入すると，

$$p(\varepsilon) = \frac{1}{\sqrt{2\pi\sigma^2}}e^{-\frac{\varepsilon^2}{2\sigma^2}} \tag{3.12}$$

となる．ここで，誤差 ε のかわりに観測値 x を確率変数とし，全体を標本平均 μ だけ右に移動させた関数を $f(x)$ とおけば，

$$f(x) = \frac{1}{\sqrt{2\pi\sigma^2}}e^{-\frac{(x-\mu)^2}{2\sigma^2}} \tag{3.13}$$

となり，式 (3.1) のベル型の分布が導出される．つまり，誤差についての最初の 3 つの仮定，および誤差の分散は σ^2 だという仮定から，ベル型の分布が導出できるのである．これがガウスの偉業の 1 つである．

さらに，式 (3.4) を x の関数 $\Omega(x)$ から ε の関数 $\Omega(\varepsilon)$ にして，その式に式 (3.11) を代入すると，

[14] 仮に $b > 0$ だとすると，$\int_{-\infty}^{\infty} p(\varepsilon)d\varepsilon = \int_{-\infty}^{\infty} Ce^{\frac{b\varepsilon^2}{2}} d\varepsilon$ が発散してしまい，確率密度関数の全積分は 1（$\int_{-\infty}^{\infty} p(\varepsilon)d\varepsilon = 1$）という条件を満たさなくなる．

[15] $p(\varepsilon) = e^{-\varepsilon^2}$ をグラフで表すと，ベル型の分布となる．

確率密度関数：probability density function

[16] ガウス積分と呼ばれる $\int_{-\infty}^{\infty} e^{-ax^2}dx = \sqrt{\frac{\pi}{a}}$ を用いた．

$$\Omega(\varepsilon) = \left(\frac{h}{\sqrt{\pi}}\right)^n e^{-h^2(\varepsilon_1^2 + \varepsilon_2^2 + \cdots + \varepsilon_n^2)} \tag{3.14}$$

となる. $\Omega(\varepsilon)$ が最大となるのは, 式 (3.14) の右辺の指数関数の指数部分 $\varepsilon_1^2 + \varepsilon_2^2 + \cdots + \varepsilon_n^2$, すなわち観測値の誤差の二乗和が最小となるときである. ガウスはこの後に, 「**未知の量 p, q, r, s, 等々の値が最確値のシステムは, [未知の量の] 関数 V, V', V'', 等々の観測値と計算値の差の二乗和が最小になるときである**」[Gauss 1809, 1857, p. 260, 強調は原著者] と結論付けている. これはガウスによる最小二乗法の正当化と呼ばれている.

ガウスの業績は, 2.2.3 項に登場したラプラスに衝撃を与えた. 一方で, ラプラスはガウスとは別の方法ですでにベル型の分布にたどり着いていた. それは**中心極限定理**である. ラプラスは中心極限定理に関する 1810 年の論文「大数の関数の式の近似と確率論への応用」の執筆を終えた後に, ガウスの 1809 年の著作を手にしたとされている. ラプラスは, ガウスの著作を目にすることで, 中心極限定理と誤差論の結びつきを理解できた. ガウスのように誤差の分布を仮定することなく, 最小二乗法の正当化をおこない, その成果を「補遺」として 1810 年に先の論文と同じ巻で発表した [Hald 1998, p. 357]. このもう 1 つのベル型分布の導出, および誤差論との統合については次項で扱う.

誤差論の考え方をまとめよう. ある対象の観測において本当は真の値が 1 つだけ存在する. だが, 観測するときに誤差が生じるので, 観測値がばらついてしまう. 観測値は, 式 (3.2) で示したように真値と誤差の 2 つの成分からなっており, 観測回数が増えれば観測値の平均値は真値に近づく. ガウスとラプラスは, 観測値のばらつきは式 (3.11) や式 (3.13) で表されるベル型分布に近づいていくことを数学的に示した. こうした誤差論の考え方を示したのが図 3.6 であり, このような分布の捉え方を「**誤差論的思考**」と呼ぶことにする.

このベル型分布は, ガウスとラプラスの功績を讃えて「**ガウス分布**」ないし「**ラプラス–ガウス分布**」と名付けられた[17]. もとは誤差論的思考の枠組みから捉えたベル型分布の名称である. 誤差論的思考では, 真値はただ 1 つ存在するが, 観測には誤差が伴うため観測値はベル型にばらつくと考える.

誤差論的思考：error theoretical thinking

[17] 統計学者で統計史家でもあるスティーヴン・スティグラーは,「スティグラーの名祖の法則 (Stigler's law of eponymy)」という面白い法則を提案している. この法則によると, どんな科学的発見も第一発見者の名はつかない. ガウス分布も例外ではなく, ガウス以前にド・モアブルやラプラスによってすでに発見されていた [Stigler 1980].

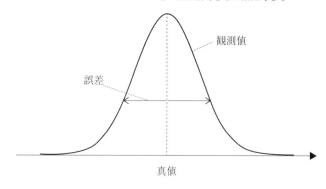

図 3.6 誤差論的思考

3.2.2　ガウス–ラプラスの統合

ラプラスはベル型分布を 2 通りの方法で導出した．1 つが，ガウスのように測定値の誤差処理としての最小二乗法による導出方法である．もう 1 つが，二項分布の極限近似によってベル型分布を導出する方法である．古典的な確率論の集大成であるラプラスの『確率の解析的理論』には，この 2 つの異なる導出方法が別々の章で紹介されている．誤差論によるベル型分布の導出は前項で解説したので，ここでは二項分布の極限近似による導出方法を見ることにする．ただし，この導出方法は確率論の教科書によく掲載されているので，導出の詳細は他書に譲り，ここでは概要のみを紹介することにする．

二項分布の極限近似は，アブラハム・ド・モアブルによって 1733 年の論文「二項式 $(a+b)^n$ を級数展開したときの項の和の近似」のなかで展開された．ド・モアブルは，n を偶数としたとき，$(1+1)^n$ を二項展開したときの真ん中（$\frac{n}{2}$ 番目）の項 $D_{\frac{n}{2}}$ と，そこから l 項離れた項 $D_{\frac{n}{2}+l}$ の比の対数を求める．$(1+1)^n$ を二項展開すると，現代の表記法で，

$$(1+1)^n = \sum_{k=0}^{n} \binom{n}{k} \tag{3.15}$$

となるので，$D_{\frac{n}{2}} = \binom{n}{\frac{n}{2}}$，$D_{\frac{n}{2}+l} = \binom{n}{\frac{n}{2}+l}$ となる．ド・モアブルはこの比の対数が $n \to \infty$ のときに，

$$\lim_{n \to \infty} \log \frac{D_{\frac{n}{2}+l}}{D_{\frac{n}{2}}} = -\frac{2l^2}{n} \tag{3.16}$$

となることを導き出した．ド・モアブルは指数関数で表記していないが，これを解くと，

$$D_{\frac{n}{2}+l} \cdot \left(\frac{1}{2}\right)^n = \frac{2}{\sqrt{2\pi n}} e^{-\frac{2l^2}{n}} \tag{3.17}$$

となる[18]．これは，式 (3.1) のかたちに近いことがわかるだろう．

その後，ラプラスがド・モアブルの結果を指数関数で表し，また微積分と結び付けた．ラプラスは『確率の解析的理論』のなかで，次の式を導出している．二項分布 $B(n, p)$ に従う確率変数 X について，

$$\lim_{n \to \infty} P\left(a \leqq \frac{X - np}{\sqrt{np(1-p)}} \leqq b\right) = \frac{1}{\sqrt{2\pi}} \int_a^b e^{-\frac{x^2}{2}} dx \tag{3.18}$$

を導き出している．これは今日，「ド・モアブル＝ラプラスの定理」として知られていて，中心極限定理の一種である．ド・モアブルとラプラスにより，$n \to \infty$ のとき，二項分布はベル型の分布に収束することが示された．

この定理で重要な点は，観測する（標本をとる）もとの集団（母集団）がベル型分布に従わなくても，観測の回数が大きくなれば観測値の平均（標本平均）がベル型分布に近づくということである．誤差論に基づいたガウスの導出では，誤差はベル型分布に従うことが仮定されていたが，ド・モアブル＝ラプラスの定理ではその仮定がなくても，ベル型分布が導出できる．

上述したように，ラプラスはベル型分布を 2 通りの方法で導出した．1 つが，誤差論の文脈において，観測値からの真値の推定法を正当化する過程で導出する方法である．もう 1 つは，二項分布の極限近似として導出する方法である．ラプラス自身は『確率の解析的試論』のなかで，この 2 つの方法を紹介している．

統計史家のスティグラーは，ガウスとラプラスで結実するベル型分布の導出の一連の流れを「**ガウス–ラプラスの統合**」と呼び，科学史の転機の 1 つと讃えている．

ガウス–ラプラスの統合によって，2 つの成熟した理論は 1 つの整合的な理論にまとめられた．2 つの理論のうちの 1 つが，線形の条件方程式の積み重ねによる観測の組合わせの理論であり，もう 1 つが，不確実さの度合いを評価し，それに基づいて推論をおこな

---

[18] 詳細な導出は，清水 1976, 0-1 節. Stigler 1986, pp. 72–77 を参照．

ガウス–ラプラスの統合：The Gauss-Laplace synthesis

066 | 3 統計思考にまつわるモヤモヤ感：誤差論的思考と集団的思考

う理論である．多くの観点から見て，これは科学史上最も大きな成功物語の1つであった [Stigler 1986, p. 158].

上の引用の観測の組合わせの理論とは，二項分布の極限近似によってガウス分布を導出する理論のことである．一方，不確さの度合いを評価する理論とは誤差論のことである．ガウス–ラプラスの統合により，誤差の分布を二項分布の極限近似として解釈することが可能になった．つまり，観測回数が非常に多くなると，誤差が積み重なってガウス分布になると理解できるようになったのである．

3.2.3 ケトレーによる誤差分布の社会現象への援用

ガウスの誤差分布を社会現象にあてはめた人物はアドルフ・ケトレーである．ケトレーはもともと天文学者で，ベルギーのブリュッセル天文台の設置にたずさわり，その天文台長を務めていたが，やがて統計学に関心が移る．そして，統計学によって社会現象の原因や法則を解き明かそうとした．ケトレーは天文学を通じて誤差論に精通していたので，社会現象に誤差論を結び付けることができた．彼は1835年に代表作『人間とその諸能力の発達について――社会物理学の試論――』[19] を出版した．その表紙には，ラプラスの次の一節が引かれている．「政治科学および精神科学においても，自然科学においてきわめて首尾よく役立った方法，すなわち観察と計算に基づく方法を適用しよう」[ラプラス 1997, pp. 90–91]．ケトレーはラプラスに影響を受けて，政治や精神についての研究を自然科学的におこなおうとした．

ケトレーは，身長や胸囲，筋力といった身体的特徴だけでなく，記憶力や精神病，道徳性などの精神的特徴も測定した．すると，人間の特徴の平均には恒常性が現れることがわかる．ケトレーは「同じ犯罪が毎年同じ順序で繰り返され，同じ処罰が同じ割合で科せられるという恒常性は，法廷統計から知ることのできる最も不思議な事実の1つである」[Quetelet 1835a, p. 8] と述べる．そして，「私は繰り返しいってきたことがある．すなわち，恐ろしいほど規則正しく毎年支出される予算がある．刑務所，拘置所，死刑台の予算である．これはなによりも削減すべきである」[Quetelet 1835a, p. 9, 強調は原著者] と強く主張する．

19) ケトレーはこの著作を副題の「社会物理学」と呼んでいた．1869年にこの著作を改訂するが，題名は主題と副題を入れ替えて『社会物理学――人間の諸能力の発達についての試論――』とした．

図 3.7　ケトレーと『人間とその諸能力の発達について』

　こうした人間の特徴の規則性を見出すため，ケトレーは天文学における観測誤差の処理方法を参照する．彼は精神現象の研究について，次のように述べる．「精神現象は多くの回数が観察されると，いわゆる物理現象の秩序に含まれることになる．そして，この種の研究の基本原理として，**観察される人間の数が増えれば増えるほど，個々人の特殊性は身体的であれ精神的であれ失われ，社会の存在と維持によって生じる一連の一般的事実が目立つようになることを認めざるを得なくなるだろう**」[Quetelet 1835a, p. 12, 強調は原著者]．多くの回数を観察することで対象の特徴を捉えるという発想は，大数の法則に基づく誤差論の考え方を参考にしている．

　こうした発想により，ケトレーは社会現象の統計解析に関して2つの重要な進展を遂げる [Stigler 1986, p. 169]．1つは「**平均人**(l'homme moyen[20])」という概念を考案したことである．測定回数を増やすことで，誤差論のように**平均**によって対象の特徴を捉えようとした．もう1つの進展は，社会現象を**分布**として捉えたことである．以下では，これら2つの業績について順番に解説する．

　まず，平均人という概念から見てみよう．ケトレーは，平均こそが人間の特徴を表し，さまざまな特徴の原因や法則といった社会現象を明らかにしてくれると考えた．彼は『人間とその諸能力の発達について』の「導入」で次のように述べる．

[20] 英語の「the average man」にあたる仏語である．

068 | 3 統計思考にまつわるモヤモヤ感：誤差論的思考と集団的思考

　本書の目的は，自然的であれ擾乱的であれ，人間の発達に影響を
及ぼす原因と結果についての研究であり，さまざまな原因の影響
を測定したり，さまざまな原因が互いに変化し合う仕方を測定し
たりしようとすることである．

　私の意図は，人間についての理論を提案することではなく，人
間に影響を与える事実や現象を把握することであり，それらの現象
を結び付ける法則を観察によって発見しようとすることである．

　本書で考察する人間は，物体における重心と似たような役割を社
会において担っている．ここでの人間とは平均のことであり，その
平均の周りで社会の諸要素が揺らいでいる．この人間はいわば虚構
的存在であり，その存在にとってはあらゆる事物が社会から得られ
る平均的結果に応じて生じる．**社会物理学** (physique sociale[21])
の基礎を確立するのに考慮しなければならないのはこの虚構的存
在であり，特殊な事例や異常 (anomaly) な事例を視野から外し，
誰それの一個人のある能力の発達が大きいか小さいかを示すよう
な調査は無視する [Quetelet 1835a, p. 21, 強調は原著者].

21) 英語の「social physics」にあたる仏語である．

　この概要には多くの要素が詰め込まれている．まず，さまざまな
人間の特徴の平均を研究の中心に据える．これをケトレーは本論
で「平均人」と呼び，集団における多様な性質や特異的な性質を
除外するとともに，集団の平均的な性質に焦点を絞った．そして，
ケトレーは人間に影響を与えるさまざまな原因や人間の特徴につ
いての法則を平均人という概念を用いて解き明かそうとした．そ
の分野が著作の副題にもある「社会物理学[22]」である．

　ここで2つの点に注意が必要である．1つは，1835年の段階で
ケトレーは平均人を**虚構**だとしていることである．だが，彼は後
にこの考え方を変える．もう1つは，平均からずれた特殊事例を
異常と捉えていることである．そして，分布をもとに正常と異常
を解釈する方法を示す．これらの2点については後述する．

　さて，ケトレーが平均人という概念を社会物理学の中核に据え
るのは，個々人の偶然的な要素を排除し，人間の一般的な特徴を
捉えるためである．これは誤差論における誤差処理の方法を下地
にしている．ケトレーはこれについてわかりやすく説明している．

22) 「社会物理学」は
社会学の祖オーギュス
ト・コントが造語した
名称である．ただし，
コントは分野の特殊
性を主張して，社会物
理学に数学や数字を使
用しなかったが，ケト
レーは社会物理学を物
理学に似せるために数
学を適用した [ポーター
1995, p. 49].

　なによりもまず，1人ひとりの人間から離れ，1人ひとりの人間は
単に人類全体の一部分としてしか考えないようにしなければなら

ない．1人ひとりの人間から個性を取り除けば，偶然的にすぎないものがすべて排除されるだろう．こうして，集団にほとんど，あるいはまったく影響を与えない個人の特徴はおのずと消失し，一般的な結果を捉えることができるようになる．

　では，このやり方を具体的に説明しよう．ある人が平面上に描かれた非常に大きな円の一部分をかなり近くから観察する．その線がどんなに注意深く引かれていたとしても，その人は円の一部分を，多くの物理的な点が多少奇妙に，多少恣意的に，そしてでたらめに集められたものとして見るだけであろう．その人がもっと離れたところに立てば，より多くの点を目にし，それらの点が一定の広がりをもつ弧の上に規則正しく分布しているように見えてくる．さらに遠ざかると，1つひとつの点はやがて目に映らなくなり，それら点のあいだにたまたま見えた奇妙な配列も見えなくなる．そして，それらの点の一般的な配列を支配する法則を把握し，描かれた曲線が何であるかを認識するだろう．曲線のいくつもの点はじつは物質的な点ではなく，ごく限られた範囲内を自由に動き回る小さな生物であり，その人が適切な距離のところに立つと，小さな生物の自発的運動を知覚できないということもありうる．

　これこそが人類に関する法則を研究する方法である．というのも，あまりに近くから観察すると，これらの法則を捉えられなくなり，数限りない個人の特殊性しか目に映らないからである．たとえ個々人がまったく同じであったとしても，1人ひとりを別々に観察するのであれば，ある条件のもとでは，個々人を支配する最も興味深い法則をいつまでも知らないでいることになりかねない．よって，一滴一滴の水滴のなかでしか光の運動を研究したことのない人にとって，美しい虹の現象を理解するのは難しいだろう．おそらくその人がたまたま虹を観察するのに適した環境に身を置かなければ，そのことは思いもよらないだろう [Quetelet 1835a, pp. 4–6].

あまりに近くから1人ひとりの人間の細部を見ても，人間一般の特徴を捉えることはできない．むしろ，1人ひとりの偶然的な要因によって本来見るべき現象や法則を捉え損ねてしまう．そうではなく，観測回数を増やすことで，個々の偶然的な要素は相殺され，一般的な法則が見えてくる．これは誤差論の発想である．

　「平均人」が本格的に登場するのは「第4編」であり，ケトレー

はそこで次のように説明する.

> この平均人の算定は, 単なる物珍しさからくる憶測ではない. 平
> 均人の算定は, 人間と人間社会についての科学にとって最も重要
> な役割を担うことができる. この算定は, いわばあらゆる研究分
> 野の基礎をなすので, そうした分野を社会物理学へと必然的に導
> くはずである. 実際, 国民における平均人は, 物体における重心
> のようなものである. このように考察することで, 均衡や運動に
> 関するどんな現象も理解できる. さらに, 平均人は, それ自体で
> 考えると, 顕著な性質のいくつかを示し, それを私がここで簡潔
> に述べようとしている [Quetelet 1835b, pp. 250–251].

ケトレーは, 人間と社会についての科学の構築を目指しており, そ
の模範としたのが物理学である. そして, 社会物理学という分野
を築いた. 物理学では物体の運動を物体の重心を用いて表すこと
にならい, 社会物理学では国民や社会の平均を重心になぞらえよ
うとした. それが平均人であった. そして, 平均人の変化を表す
法則や原因の究明が社会物理学の目標とされたのである.

　次に, ケトレーのもう1つの功績を見ることにしよう. つまり,
社会現象を**分布**として捉える視点である. ケトレーは1840年代
になると, 平均の恒常性だけでなく, 人間の特徴の分布に関心を
示すようになる. 人間の身長や体重の分布をグラフに描いてみる
と, 今世紀初めから研究されていた観察の誤差分布と非常によく
似ていることに気づき, 人間の特徴の分布がベル型の分布[23]を示
すという強い信念を抱くようになった [レクイエ 1991, p. 235]. ケ
トレーの1845年の論文「統計資料の評価, とりわけ平均の評価に
ついて」や1846年の著作『道徳科学と政治科学へ応用された確率
理論についての書簡』は, 平均人の考案よりもはるかに重要な進
展を遂げた[24].

　科学哲学者のイアン・ハッキングによると, ケトレーのこの功
績こそ, 大量観察によって見られる規則性を記述するだけの単な
る統計法則が自然や社会の根底にある真理や原因を扱う法則へと
変化する研究の端緒である. ケトレーの論証は次の4つの段階を
経て展開していく.

　第1段階：ある1人の人間の特徴（たとえば身長）を何度も

23) ケトレーはベル
型の分布とは呼ばず,
「可能性の曲線 (la
courbe de possi-
bilité)」や「可能性の
法則 (la loi de pos-
sibilité)」と呼んでい
た.
24) ケトレーのこの
重要な転機として, ス
ティグラー [Stigler
1986, p. 172] は
1846年の著作を挙げ,
その後イアン・ハッキ
ング [ハッキング 1999,
p. 158] はそれより前
の 1844 年に発表さ
れ, 1845 年に出版さ
れた論文を挙げた.

観測すると，観測するときの誤差は正と負の両方
に等しく生じるので，大量の観測データはベル型
分布を示す．

第2段階： 1個の惑星の位置を何度も観測すると，大量の観
測データは誤差によってベル型分布を示すことが
知られており，それは1人の人間の特徴を何度も
観測する状況と同じである．

第3段階： 1人の人間の特徴と1個の惑星の位置はどちら
も，何度も観測すると誤差によって観測データは
ばらつくものの，真の値は1つだけ存在する．

第4段階： 人間の集団のある特性を観測しても観測データは
ベル型分布を示し，それは1人の人間の特性を何
度も観測したときと同じである．

第1段階と第2段階は，1人の人間の特徴と1個の惑星の位置
がどちらも何度も観測すれば，観測データはベル型分布を示すこ
とを述べている．これは誤差論に関する言明である．第3段階は，
人間と惑星の観測はどちらも対象が1つであり，その対象の性質
には**真値がただ1つ存在**することを述べている．ケトレーは1845
年の論文で，「これまでの事例では，観測値が揺らいでいるにもか
かわらず，1人の人間の身長や北極星の赤経[25]といった個々の高
さの値のように，私たちが定めようとしている1つの数値が確か
に実在していることを知っている」[Quetelet 1845, p. 258] と述
べる．

そして，最も重要なのは第4段階であり，1835年の時点で虚構
として導入された平均人が，**集団の特徴を客観的**に記述したもの
とみなされるようになった．ケトレーは1845年の論文で，上の
引用に続けて次のように述べる．

この問題は別の仕方で提起することもできる．同じ1人の人間の
観測結果であることを伏せたうえで，測定された身長をすべて知
らされるとする．そして，それらの観測結果が本当に同じ1人の
人間について観測されたものなのか，それとも無作為に集められ
た人々の数値なのかを問うのである．答えは，それぞれの集計が
［知らされた］表の数値とどれだけ一致するかにある．

[25] 赤経とは，天体の
位置を表す天球座標の
ことである．春分点を
0hとして，地球の自転
方向に24hまで定め
た方位であり，赤緯と
合わせて用いられる．

このことは，もう1つのきわめて重要な問題を提起する．ある国民のなかに典型的な人間 (un homme type)，すなわちその国民を代表する人間が存在するとして，同じ国民の他のすべての人間がその典型的な人間と比べてどれだけ逸脱して (écart[26]) いるとみなされるべきか，という問題である．逸脱の度合いの測定によって得られる数値は，同じ典型的な人間を多少粗雑な手段を用いて何度も測定した場合に得られる数値と同じように，平均値の周りに集まるのである [Quetelet 1845, p. 258]．

[26] 英語の「gap」，「difference」，「deviation」にあたる仏語である．

ケトレーは，1人の人間の特徴を何度も観測したときの結果と多くの人間の特徴を観測したときの結果が同じようなものになり，それは平均値の周りに集まる分布だと述べている[27]．そして，その平均が国民という**集団**を代表する典型的な人間であるとしている．1人の人間の特徴を何度も観測したときの平均がその人間のもつ実在する特徴を表すと解釈できるのであれば，多くの人間を測定したときの平均も集団のもつ実在する特徴と捉えてもよいだろう，とケトレーは考えた．このように，ケトレーは平均人を<u>虚構</u>ではなく，<u>実在的</u>なものとみなすようになった．ただし，ケトレーにとって，集団の特徴はあくまで平均であり，誤差論的思考に基づいてその平均がただ1つ存在する真値を表すと考えている．つまり，実在するのは分布ではなく，あくまで平均であった．ケトレーによると，人間の特徴の分布は図3.8のように表される．これは図3.6の誤差論的思考と同様の捉え方をしているのがわかるだろう．

[27] ケトレーは，5,738人のスコットランド兵の胸囲を観測した結果が誤差論におけるベル型分布（すなわちガウス分布）になるという事実を挙げている [Quetelet 1845, pp. 259–260]．

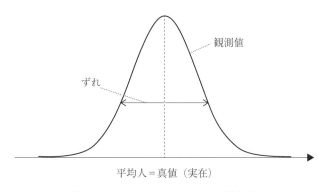

図 3.8　ケトレーによる分布の捉え方

ハッキングは，この第4段階こそが「思考における根本的な変革の1つが生じ，統計学の未来を決めた」[Hacking 1990, p. 109]と評している．ハッキングによると，仮想的な抽象物であった平均が，集団の実在的な特徴を表していると理解されるようになった．というのも，ある時点における1人の人間の身長などの特徴には1個の惑星の位置のようにただ1つの真値があり，多くの人間の特徴の観測結果は1人の人間を繰り返し観測した結果と同じくベル型分布になるのなら，集団の特徴にも1つの真値が存在すると考えられるからである．そして，集団の平均がその真値を表していると解釈したのである．

さて，ケトレーは人間の特徴を図 3.8 の分布のように捉えたが，正常と異常をどのように区別したのだろうか．上述したように，ケトレーは『人間とその諸能力の発達について』の「導入」で，平均からずれた特殊事例を異常と捉えていた．また，「第4編」で正常について次のように述べている．

> 医学では，平均人を考慮に入れることはとても重要である．ある個人の状態を診断するのは，正常な状態 (l'état normal[28]) にあるとされる別の架空の人物と比較しなければほぼ不可能である．（中略）そうした意思決定を下すのに，観察される特徴が平均人の特徴，すなわち正常な状態における特徴と異なるだけでなく，観察される特徴が安全の限度を超えていることに気づかなければならないのは明白である [Quetelet 1835b, p. 267].

28) 英語の「the normal state」にあたる仏語である．

ケトレーは平均人を正常な状態とみなしている．そして，そのすぐ後で，「病気の事例で，内科医が正常な状態からの逸脱の度合いやとりわけ病に冒されている器官を推定するために，調べるべきなのはこの表である」[Quetelet 1835b, p. 268] とも述べている．正常な状態から逸脱していると病気だというわけである．このように，平均を正常な状態，平均からずれると異常な状態と捉えている．図 3.9 にケトレーの正常と異常の区別を示す．

ケトレーによる正常と異常の区別はアリストテレスの考え方の発展版と捉えることもできるだろう．3.1 節で解説したように，アリストテレスは，本質を備えた本来的な姿を正常とし，その姿からずれた状態を異常とした．ケトレーは，分布という新しい視点

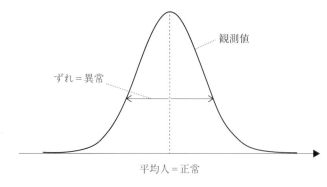

図 3.9 ケトレーによる正常と異常の区別

を導入し，典型的な特徴をもつ平均人を正常な状態，平均からずれると異常な状態とした．

　本節をまとめよう．誤差論は天体観測における誤差処理の方法としてルジャンドルやガウス，ラプラスらによって考案された．ガウスは，観測誤差の特徴について置いたいくつかの仮定から関数方程式を用いてベル型分布を導出した．ラプラスは誤差論によるガウスの導出を洗練させる一方で，二項分布の近似によってもベル型分布を導出した．ガウスやラプラスのおかげで，誤差論と二項分布の近似という異なる理論が1つの整合的な理論にまとめられ，その成果は「ガウス–ラプラスの統合」と称される．観測回数が多くなると，観測誤差が積み重なってベル型分布に収束すると理解されるようになる．こうした成果により，ベル型分布は「ガウス分布」ないし「ラプラス–ガウス分布」と名付けられた．誤差論では，真値はただ1つ存在するが，観測に伴う誤差によって観測値がばらつき，その分布はガウス分布になるとされる．このような分布の捉え方が**誤差論的思考**である．

　そして，人間や社会の現象にガウス分布を適用したのがケトレーである．ケトレーは平均人を虚構として導入したが，やがて実在的なものとみなすようになる．さらには1人の人間の特徴を何度も測定した結果と複数の人間の特徴を測定する結果は同じベル型の分布であり，その平均が国民という**集団**を代表する人間であるとした．こうして平均人は**虚構**ではなく，**実在的**なものとみなすようになった．そして，誤差論的思考では，平均が正常であり，平均からのずれは異常とみなされた．ただし，ケトレーは分布に注

目をしたものの，平均からのずれや個体間の違いを重要視せず，関心の的はあくまで平均であった [Sober 1980]．

3.3 集団的思考

　誤差論と二項分布の近似という異なる手法で導出されるベル型のガウス分布は，ケトレーによって人間や社会の現象に適用された．このベル型の分布はその後，まったく異なる視点で捉えられることになる．そのきっかけとなったのが，現代進化論の創始者チャールズ・ダーウィンである．実際に分布の新しい捉え方を明示したのは，ダーウィンの従弟のフランシス・ゴールトンである．ゴールトンはダーウィンとケトレーの業績によって，ベル型の分布を新しい視点から捉えるようになり，ガウス分布は「正規分布」と呼ばれるようになった．本節では，ダーウィンとゴールトンの分布の捉え方について見ることにしよう．

3.3.1　ダーウィンの変異モデル

　ベル型の分布の捉え方に大きな変化をもたらすきっかけを与えたのは，ダーウィンである．ダーウィンは，生物の変異に関して，アリストテレスの自然状態モデルとはまったく異なる説明方式を提示した．

図 3.10　ダーウィンと『種の起源』

ダーウィンは 1859 年に『種の起源』を出版し，**自然選択説**を唱えた．自然選択がはたらくための条件は次の 3 つである．第一に，生物の形質に**変異**がなければならない．ガラパゴス諸島にはダーウィンフィンチ類に属する鳥が生息している．図 3.11 に，13 種のダーウィンフィンチが描かれているが，嘴の形態に違いがあるのがわかるだろう．もしフィンチの嘴がどれも同じ形態であれば，自然選択がはたらくような変異がないことになる．変異の存在が自然選択のはたらく条件になっていることに注意しよう．第二に，変異は生物の生存と繁殖の能力における違い，すなわち**適応度における違い**をもたらさなければならない．どんな嘴の形態でも同じように餌にありつけて，生存や繁殖の能力に違いをもたらさないのであれば，嘴に関して自然選択ははたらかない．ダーウィンフィンチは種によって採餌方法が異なる．地上で草木の種子を食べたり，樹上で昆虫を食べたり，樹上で草木の実を食べたりする．それぞれの採餌に有利な嘴もあれば不利な嘴もあり，嘴の形態の違いは適応度の違いにつながる．第三に，変異は**遺伝**しなければならない．もし細い嘴をもつ親フィンチの子が太い嘴をもつ親フィンチの子に比べて嘴が細くないとすると，世代を重ねても細い嘴のフィンチが集団に占める割合は増えないだろう．すなわち，自然選択は次の 3 つの条件がそろうとはたらく．

1. 形質に変異がある．
2. 形質の変異は適応度の違いにつながる．
3. 子は親に似る傾向にある．

これを一言でまとめると，自然選択による進化は，適応度における遺伝可能な変異が存在することを必要とする [Lewontin 1970]．

　自然選択の具体例を見てみよう．ダーウィンは 1831 年から 36 年にかけてビーグル号で世界中を航海し，多様な生物を観察して記録した．彼の訪れたガラパゴス諸島にはフィンチ，マネシツグミ，ゾウガメなどさまざまな生物が生息し，しかもそれらの生物の形態が島ごとに異なっている．ダーウィンは『種の起源』のなかで，ガラパゴス諸島に生息する生物の多様な形質が異なる島の生活条件によるものとして説明する．

ガラパゴス諸島に生息する種や世界の他の場所に同様に生息する

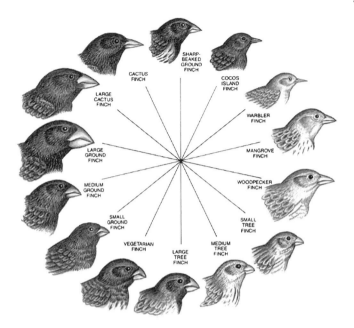

図 3.11　ガラパゴスフィンチ [Grant 1991, p. 83].

種に目を向けると，それらの種がさまざまな島によってかなり大きく異なっていることがわかる．（中略）むかしある移入者が1つないしいくつかの島に定住したり，あるいはその後で別の島に広がったりすると，その移入者はまちがいなく島ごとに異なる条件にさらされる．というのも，異なる生物の集団と競争しなければならないからである．たとえば，ある植物は，島ごとにいくぶん異なる種が覆うのに最も適した土地に生息し，いくぶん異なる外敵の攻撃にさらされるだろう．その植物に変異があると，自然選択はおそらく，それぞれの島で異なる変種に有利にはたらくだろう [Darwin 1859, p. 401].

島によって局所的な条件が異なるので，自然選択により島ごとに個体の形質が変異するのである．

　生物の形質は場所だけでなく，時間によっても変化しうる．ダフネ島というガラパゴス諸島の1つには，図 3.11 で示したガラパゴスフィンチが生息している．この島で 1977 年に大きな干ばつが生じ，小さく柔らかい種子をもつ草木がほとんど育たない一方で，大きな硬い種子をもつ草木は残った．そのため，小さく柔らかい

種子を餌にする細い嘴のフィンチの個体数が激減し，大きな硬い種子を餌にする太い嘴のフィンチが数を増やした[29]．図 3.12(a) は，干ばつが起こる前の 1976 年の親の嘴の大きさと個体数の関係を示している．白い縦棒は 1976 年時点の親の個体数，灰色の縦棒は干ばつの起きた 1977 年に生き残った親の個体数を表す．図 3.12(b) は，干ばつの起きた後の 1978 年の子の嘴の大きさと個体数の関係を示している．1977 年の干ばつによって，生態系が大きく変化し，太い嘴の個体数が増えて，細い嘴の個体数が減った．これは，太い嘴に有利な自然選択がはたらいた実例とされている．

[29] 嘴の太さは正確には，嘴の高さ (beak depth) で表す．

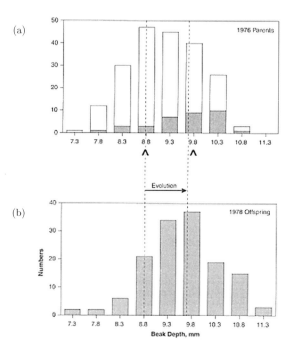

図 3.12　自然選択の実例 [Grant and Grant 2008, p. 56]．

さらにその後，ガラパゴス諸島ではエルニーニョの影響により 1982 年から 83 年にかけて観測史上最大の大雨が降った．今度は大きな硬い実のなる大木は倒れ，その代わりに小さな軟らかい種子をもつ草木が急増した．エルニーニョより前は干ばつが続いて砂漠に近い環境だったので，大きな硬い実が多く，太い嘴をもつガラパゴスフィンチの数が多かった．だが，エルニーニョの後で

は，大きな硬い実を餌にする太い嘴のフィンチの数は減り，その
代わりに小さな軟らかい種子を主食とする細い嘴のフィンチが数
を増やした．今度は細い嘴に有利な自然選択がはたらいた [Grant
and Grant 2008]．これらの事例から，自然選択によって生物の形
質が時間とともに変化することがわかる．

　アリストテレスは生物には本質的な形質があり，それを正常な
状態とした．しかし，ダーウィンの自然選択説によると，そうした
状態は時間や場所によって変化しうる．アリストテレスの正常と
異常の区別をダーウィンの自然選択説の枠組みに無理やりあては
めてみると，正常な状態はある時点と場所における集団のなかの
多数派，異常な状態は少数派に対応すると考えられるかもしれな
い．しかし，自然選択説によると，集団における多数派と少数派は
時間や場所によって変化する．多数派だったものが少数派になっ
たり，少数派だったものが多数派になったりする．そうすると，多
数派を正常，少数派を異常とみなすことに意味はないだろう．

3.3.2　集団的思考

　ダーウィンの進化論は多岐にわたる分野にさまざまな影響を及
ぼした．彼の功績について，生物学の哲学の入門書のなかで次の
ように紹介されている．「ダーウィンが生物学へ果たした偉大な
功績を簡潔に述べるとき，どの専門家たちも決まって，ダーウィ
ンの革新を『集団的思考』というひと言でまとめる」[Ariew 2008,
p. 64]．集団的思考とは，集団現象を捉えるときに集団を構成す
る個々の対象ではなく，集団自体を基礎的なものとする思考の枠
組みである．これは生物学者のエルンスト・マイアがダーウィン
の偉業をたたえる際に造語したものである [Mayr 1959]．科学哲学
者のソーバーによると，集団的思考という新しい思考の枠組みが
登場したのは，誤差論が進化現象の説明に援用されたときである
[Sober 1980]．ここでは，誤差論から集団的思考へ至る歴史をひも
解き，新しい思考の枠組みを解説する．

　集団的思考をより精緻にしてベル型分布の捉え方を大きく変え
たのは，ダーウィンの従弟のゴールトンである．ゴールトンはダー
ウィンの『種の起源』に感銘を受け，進化論を数学化する先駆的
研究をおこなった．また，ゴールトンは，3.2.3項で解説したガウ
スの誤差分布を社会現象に適用したケトレーの研究にも大きな影

集団的思考：popu-
lation thinking

図 3.13 ゴールトンと『遺伝的天才』

響を受けた.

　ゴールトンは学生時代,優等生は親も優等生であることが多いことに興味をもち,遺伝現象の解明に努める.その後,1869年に『遺伝的天才』を出版し,そのなかで,誤差論を遺伝現象の説明に援用した.ゴールトンが注目したのは**平均**ではなく**分布**であった.ある世代の変異は前の世代の変異,および変異の遺伝によって説明される.彼は誤差分布を遺伝によって生じる個体差と関連させることで分布の捉え方を変え,誤差法則を誤差についての法則から集団についての法則へと変換した.

　ゴールトンは人間の身体的特徴と精神的特徴を測定することが,人間の本性を理解する鍵となると考え,さまざまな人種や階級の人体測定をおこなった.その結果,たとえば人の身長や胸囲はどんな種類の集団で測定しても,同じようなベル型の分布となることを実証した.それだけではなく,生物集団に見られる形質の分布を,遺伝要因による分布と環境要因による分布に分離させる解析法も考案し,遺伝要因による形質の分布の変化を表す法則[30]を突き止めようとした.図3.14に,ゴールトンによる分布の解析方法の概念図を示した.ゴールトンは次のように説明する.「家族の変異という1つの原理を例示しよう.(中略)図のように,指数関数的な山の縦線のそれぞれが1つひとつの指数関数的な小さな山として沈殿すると,それらの小さな山の総和はより大きな係数の指数関数的な曲線になる」[Pearson, K. 1924, p. 465].つまり,大きなベル型分布の山の一部を取り出すと,その部分はベル型分

30) ゴールトンはこの法則を「祖先遺伝の法則 (law of ancestral heredity)」と呼んだ.それによると,形質の半分はそれぞれの親から,1/4はそれぞれの祖父母たちから,1/8は曾祖父母から,……という仕方で受け継がれる.そのため,変異は遺伝要因によって減少することになる.ところが,実際の観察結果は,変異の量が世代を通じて一定であることを示している.そこで,ゴールトンは環境要因が変異を増加させるように作用すると考え,遺伝要因による変異と環境要因による変異を足し合わせると,世代を通じて変異は一定になると説明した.しかし,この法則は誤りである.遺伝の仕組みはその後,メンデル遺伝学,そして分子遺伝学によって解き明かされた.

布の山になる．また，小さなベル型分布の山がたくさん集まると，さらに大きなベル型分布の山になる．このように，ベル型分布を分解してもベル型分布になり，またベル型分布を足し合わせてもベル型分布になる[31]．ゴールトンはこの方法を親子間の形質の遺伝の解析に用いることができると考えた．

[31) ゴールトンは概念的な説明に終始したが，いまでは正規分布の「再生性 (reproductive property)」と呼ばれ，次のように定式化される．確率変数 X と Y がそれぞれ独立に $N(\mu_1, \sigma_1^2)$ と $N(\mu_2, \sigma_2^2)$ に従うとき，$X+Y$ は $N(\mu_1+\mu_2, \sigma_1^2+\sigma_2^2)$ に従う．

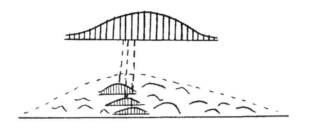

図 3.14 ゴールトンによる分析の解析方法 [Pearson, K. 1924, p. 465].

ゴールトンはまた，親子のあいだの形質の分布の関係を表すために**相関**という新しい概念を考案している．たとえば親と子の身長という2つの変数のあいだの関係を調べてみると，図 3.15(a) のように，親の身長が高ければその子の身長も高く，親の身長が低ければ子の身長も低い傾向にあることがわかる．このように，一方の変数の値が増えれば他方の変数の値が増加し，その逆も成り立つとき，2つの変数のあいだには「正の相関」があるという．また，図 3.15(b) のように，一方の変数の値が増えれば他方の変数の値が減少し，その逆も成り立つとき，2つの変数のあいだには「負の相関」があるという．さらに，図 3.15(c) のように，2つ

相関：correlation

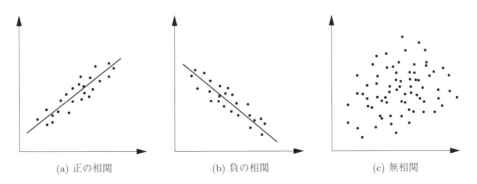

図 3.15 正の相関と負の相関と無相関

の変数のあいだに直線的な関係が見られないとき，2つの変数は「無相関」であるという．

さらにゴールトンは，**先祖返り**もしくは**回帰**と呼ばれる現象も発見した．背の高い親から背の高い息子が生まれる傾向にあるが，平均より極端に背の高い親からはそれ以上背の高い子が生まれず，子の身長は平均に回帰する傾向にあることを発見した．図 3.16(a)は，ゴールトンが描いた回帰の図である．縦軸が親の身長，横軸が子の身長を表し，測定結果はおおよそ楕円の範囲に収まり，親と子の身長のあいだには正の相関があることを示している．また，回帰の現象は身長に限らず，さまざまな身体的特徴や精神的特徴に見出された．ここで注意すべきは，相関や回帰の図はデータがベル型分布を示しているという点である．データの数（あるいは頻度）を奥行で表すと，データは図 3.16(b) のように回帰曲線を中心にベル型に分布している．相関や回帰の背後にベル型分布を示すデータが常にあることは肝に銘じておくべきである．このようにゴールトンは遺伝という集団現象を説明するために，さまざまな統計的概念を考案した．彼の考案した相関や回帰はいまでも統計学で広く用いられている．

先祖返り：reversion
回帰：regression

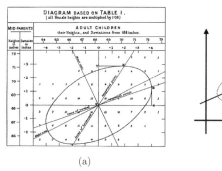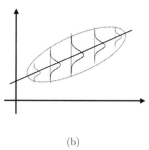

(a) (b)

図 3.16 回帰と分布 [Galton 1886, plate X].

集団現象がベル型分布を示すのは遺伝現象に限ったことではない．ゴールトンはそのことを明確に認識しており，ベル型分布がどこにでも見られる当たり前の現象であるという事実を広めようとした．そこで，ゴールトンは「クインカンクス (quincunx)」という図 3.17 のような装置を発明した．これは台一面に釘が規則正

しく配置されているパチンコ台のような装置で，その台の上部から球を次々落としていく．そうすると，図 3.17(a) のように，台の下部に溜まっていく球はベル型分布を示すのである．図 3.17(b) は，途中の AA の部分に仕切りがあり，ここに溜まる球はベル型分布を示し，さらに AA の部分からベル型分布で溜まった球を落としても，BB の部分で球は再びベル型分布になる．図 3.17(c) は，下部が狭くなっているが，それに合わせて球は分散の小さなベル型分布を示して溜まる．クインカンクスは誰がいつどこでやっても同じ結果となるので，ゴールトンは公共の場でそのことを何度も披露し，ベル型の分布が当たり前の現象であることを人々に例証してみせた．

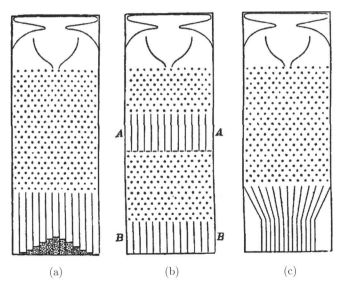

図 **3.17** クインカンクス [Galton 1889, p. 63].

ここまでくると，ゴールトンがベル型分布を図 3.6 のような誤差論的思考の枠組みで捉えていないことがわかるだろう．ゴールトンにとって，1 人ひとりの身長の違いは誤差ではない．平均身長に近い人だけが実在し，背の高い人や低い人は誤差であるなどとは考えない．集団には，背の高い人もいれば，背の低い人もいるし，平均身長に近い人もいる．このようなばらつきが存在することはむしろ当たり前で**正常な状態**であり，**変異は実在する**のであ

る. そこで, ゴールトンは「ガウス分布[32)]」と呼ばれていたベル型分布[33)] に新たな名前を付けた. それが「**normal distribution**」である[34)]. 英語の normal には「正常」という意味があり, ゴールトンは集団現象がベル型分布を示すのは正常であることを意図した. ゴールトンによると, 人間のどんな身体的特徴や精神的特徴も数多く測定するとベル型分布を示し, 人間でなく生物の特徴を測定してもベル型分布になる[35)]. さらには, クインカンクスで球を落としてもベル型分布になる. ゴールトンにとって, ベル型分布を示すのは正常な現象であり, それを表現するのに「ノーマルな分布」, つまり「正常な分布」と名付けたのである. 日本語では「正規分布」という訳語があてられ, ゴールトンの意図が汲み取りにくくなっている.

　ゴールトンがベル型分布を「normal」と最初に表現したのは, 1877 年の論文「典型的な遺伝法則」である. エンドウの遺伝について論じるときに,「同じ [重量の] 部類に属するエンドウから生れる [次世代の] エンドウは平均重量から両側にいつものように逸れる (deviated normally) ことを思い出そう」[Galton 1877, p. 513] と述べる. また, クインカンクスを使ってベル型分布が生成されることを論じるときに,「興味深い偏差の理論的性質によって, 山の形状はいたって普通 (perfect normal) になる」[Galton 1877, p. 532] とも述べる. これ以降, ゴールトンは論文や著作で「normal」という表現を「普通 (usual)」や「いつもの (ordinary)」というくだけた意味で用いる [Stigler 1999, p. 412]. もはや, 集団における身体的特徴や精神的特徴などの変異は単なる観測誤差とみなされない. むしろその変異がベル型に分布することが正常である. ダーウィンが考案した集団的思考を, ゴールトンが正規分布というかたちで精緻にしたのである.

　図 3.18 に, 誤差論的思考と集団的思考の違いを示した. 図 3.18(a) のように, 誤差論的思考では, **平均**が真値であり, **実在**する値である. ケトレーは平均人を集団の実在的性質とみなした. 一方, 観測すると真値に誤差が伴うので, 観測値はばらつく. 誤差は真値ではないので, 実在の性質を反映していない. それに対して, 集団的思考では図 3.18(b) のように, **変異**こそが**実在**する. 集団における 1 人ひとりの身長は誤差ではない. 身長のような人

---

32) ベル型の誤差分布にガウスの名前を付けたのは, ドイツの測地学者フリードリヒ・ロベルト・ヘルメルトであり, 彼の 1872 年の著作『最小二乗法による補正計算』で命名された. ヘルメルトは誤差論や最小二乗法の発展に寄与した.

33) ガウス自身はそれまで,「誤差法則 (law of error)」や「指数分布 (exponential distribution)」と呼んでいた.

34) ガウス分布を最初に「正常 (ノーマル)」と呼んだのは, 1873 年のアメリカの哲学者チャールズ・サンダース・パースの論文である. 1877 年にはドイツの統計学者ヴィルヘルム・レキシス, そしてイギリスのゴールトンが同じように「正常」と表現している. ガウス分布を正常な現象として考えることは, ほぼ同時期に異なる国で独立に始まった. ゴールトンはその時代の誰よりも「正常な分布」がいたるところに存在することを確信していた [Stigler 1999].

35) とくに精神的特徴の測定についてはその後, 大論争に発展する. 詳しくは, グールド (1989) を参照.

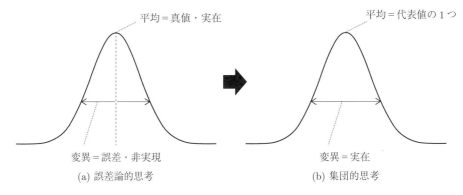

図 3.18　誤差論的思考と集団的思考

間の身体的特徴に限らず，あらゆるものを大量に測定するとベル型分布を示すことが正常であり，それが集団の実在的特徴を表している．一方，平均は集団の特徴を表す代表値の1つである．同じベル型分布でも，誤差論的思考と集団的思考では解釈の仕方が大きく異なるのである．

　ゴールトンは『回顧録』のなかで，ベル型分布の2種類の解釈の違いについて簡潔に説明している．

> ガウスの誤差法則の主要な目的は，私が利用したものとある意味正反対である．誤差法則の本来の目的は，誤差を取り除いたり斟酌したりすることであった．しかし，こうした誤差ないし分布は，まさに私が失われないよう残して知りたかったものである [Galton 1908, p. 305].

誤差論的思考と集団的思考は分布の捉え方について正反対である．正規分布を誤差論におけるガウス分布として解釈してはならないのである．そして，統計学の根底にあるのは誤差論的思考ではなく，集団的思考である．ゴールトンは1889年の『自然の遺伝』第4章の「統計学の魅力」という節で，統計学の魅力を次のように説明している．

> 統計学者が一般的に調査を平均に制限し，より包括的な視点で興じないのは理解に苦しむ．（中略）平均は単なる1つの事実にすぎない．それに対し，もう1つ別の事実［偏差］を平均に加えると，

観察結果にほぼ一致する**正常な枠組み (Normal Scheme)** 全体が潜在的に存在し始める.

統計学という名前自体を嫌う人はいるが, 私にとって統計学は美しさと興味に満ちあふれている. 統計学を粗雑に扱うのではなく, 高度な方法によって繊細に扱い, 慎重に解釈すれば, 複雑な現象を扱う能力は驚異的である. 統計学は, 人間の科学を探究する人々の行く手を阻む困難ないばらの道を切り開ける, 唯一の道具である [Galton 1889, p. 62].

ゴールトンにとって, 分布の平均だけでなくばらつき（偏差）にも注目する集団的思考こそが人間の科学を探究するための唯一の道具である. 統計学を理解するには, 誤差論的思考ではなく, 集団的思考に頭を切り替えなければならない. 私が思うに, 統計学を用いるときに後ろめたさを感じる理由の1つが, 誤差論的思考の枠組みで分布を捉えることである. とくに, 1.1.2項で紹介したようなニュートン力学の思考の枠組みに慣れている人たちは後ろめたい感じを強く抱くのかもしれない[36]. 測定値から誤差を取り除いて真値を求めるときは誤差論的思考で捉えなければならないが, 統計思考はそれとは異なるのである. ただし, 誤差論的思考と集団的思考は排他的ではなく, 両立可能な考え方である. 分野によっては, 2つの思考法を組み合わせて現象を捉えることもあるだろう.

科学哲学者のハッキングは, 集団現象をそれ自体として**自律的 (autonomous)** に説明し, 偶然という厄介な概念を手なずけるのに成功した偉大な人物としてゴールトンを讃えている [ハッキング 1999]. 自律的な説明とは, 変異を説明するのに個体の性質を積み上げていくのではなく, 集団自体の従う法則を使うことである. そのとき, ベル型分布によって集団の変化が表現され, 集団を構成する生物個体についての詳細な情報は捨象される. ゴールトンの説明はまさにそのようになっている. クインカンクスでは, 1個1個の球の運動の詳細に依拠することなく, 球の集まり自体がベル型分布を示すのが正常である. 遺伝現象も同様であり, 親子の個体の詳細に立ち入ることなく, 現世代における集団の形質分布と遺伝の法則から子の世代の分布を説明することができる. 集団的思考という新しい思考の枠組みは, ダーウィンの進化論で産声

36) 生物学者のマイアは, 物理学者のウォルフガング・パウリと意見を交わしたとき,「集団的思考は, 物理主義的思考に慣れた人々には理解に苦しむようである」[Mayr 1997, p. xvi] と感想を漏らしている. マイアが物理主義的思考と呼ぶのは, 1つの対象の変化を基本として還元的に現象を捉える考え方のことである（正確には, 物理主義というよりも, 還元主義もしくは物質一元論といったほうがよいだろう）. いずれにしても, 還元主義者には理解しがたい集団的思考について, マイアは次のように説明することで, この著名な物理学者を納得させている.「私がそれぞれ互いに異なる向きと速さで運動するわずか100個の分子からなる気体を想像するように提案すると, パウリはようやくその考え方をほぼ理解できた」[Mayr 1997, pp. xvi–xvii].

をあげ，ゴールトンにより集団現象が示す正常な分布の捉え方として出現したのである．

3.3.3 正規分布から歪んだ分布，そして標本と母集団の区別へ

ゴールトンの分布の捉え方は統計学の基盤となり，その後，統計学は数学的に発展するとともに，正規分布だけでなく，それ以外の分布の研究にも展開していく．ゴールトンは大胆で発想力豊かな人であったが，統計学の数理的な発展にはそこまで寄与しなかった．ゴールトンの志を数学的な表現に翻訳したのは，イギリスの経済学者フランシス・イシドロ・エッジワースである．エッジワースは，ゴールトンの『自然の遺伝』に触発されて，相関の数理的発展に貢献した．また，正規分布を仮定して，2群の平均値の差が偶然による可能性を排除することを決定する方法も考案している．これは後のフィッシャーによる有意性検定につながる．さらに，エッジワースは分散分析に似た手法も考案しているが，この功績はフィッシャーの目に留まることはなかった [Stigler 1986, Ch. 9]．

図 **3.19** エッジワース

エッジワースの統計学についての考え方がわかる一節がある．

> 私は頻度の正規法則 (the normal law of frequency) が自然全体にわたって提起されつつあると考えている．そして，何人かの形而上学者[37]とともに，個々の出来事では恣意的で法則に縛られないのに対し，集団現象 (aggregate phenomena) では統計的な斉一

[37] エッジワースはこの形而上学者としてフランスの哲学者シャルル・ルヌーヴィエを挙げている．

088 | 3 統計思考にまつわるモヤモヤ感：誤差論的思考と集団的思考

性を示す領域のことを考慮するならば，その正規法則はほぼ自然の領域を超えていると考えている [Edgeworth 1899, p. 551].

エッジワースの目的は，正規分布をもとに集団現象に見られる法則を突き止めることである．彼が集団的思考の枠組みによって自然を捉えようとしているのがわかるだろう．エッジワースの後継者は経済学者のアーサー・ボウリーただ1人しかいなかったため，エッジワースの研究は知られていても，彼の構想は貨幣価値の変動の測定と解釈といった狭い経験的問題にしか応用されなかった [ポーター 1995, pp. 308-309].

　ゴールトンの発想を数学的に定式化したエッジワースの業績を理解できたのは，カール・ピアソンである．彼の相関の研究は，ピアソンの積率相関係数として結実し，現在でもよく使われている[38]．他にも，ピアソンのカイ二乗検定など，彼の名は今日の統計学にも刻まれている．ピアソンは野心家であり，統計学の数理的研究に邁進しただけでなく，統計学を世に広めるのにも尽力した．ピアソンはゴールトンとラファエル・ウェルドンとともに1901年に『バイオメトリカ』という雑誌を創刊し，いまでも権威ある学術雑誌として刊行が続けられている．また，ピアソンは1903年にロンドン大学に生物測定学研究室を，1907年にはゴールトン優生学研究室を設立する．1911年にこの2つの研究室は統合され，応用統計数学科となり，統計学の研究と教育の基盤が整えられた．この学科からは，ウドニー・ユール，ウィリアム・ゴセット，イェジ・ネイマン，息子のエゴン・ピアソンらが輩出され，数理統計学の一大研究拠点となった．ちなみに，カール・ピアソンがロンドン大学を退職したのを機に，この学科は優生学科と統計学科に分割され，それぞれフィッシャーとエゴン・ピアソンが学科長に就いた．統計学科は統計科学学科と名称変更されて現在に至る [芝村 2004b, p. 67].

　ピアソンもゴールトンの『自然の遺伝』に触発されて，ダーウィンの進化論の数学化に努めた．ピアソンは統計学が生物学に寄与できると確信し，遺伝の研究について次のように述べている．「ここでなさなければならないのは，個別事例の観察に基づく一般法則を打ち立てようとすることではなく，大量の遺伝からより狭い範囲の遺伝へと進むことである．要は，典型的な事例を考慮するの

[38] 相関係数の起源については，椎名 (2016) が詳しい.

図 3.20　カール・ピアソン

ではなく，統計学の手法によって進めなければならない」[Pearson, K. 1896, p. 255]．ピアソンは，遺伝の研究は個々の事例ではなく大量のデータから進める必要があり，それが統計学の手法だと説いている．また，ピアソンらが創刊した雑誌『バイオメトリカ』の巻頭言で，次のように宣言している．

> 個体の小さな重要性によって印象付けられることなしに，ある典型的な生命を研究することはほぼできない．[だが] ほとんどの場合，個体数は莫大であり，それらの個体は広い範囲に生息し，長い期間にわたって存続する．進化は，大量の個体数の実質的な変化に依存し，それゆえ進化論は，統計学者が**集団現象**と呼び慣れた類いの現象に属している．（中略）自然選択，遺伝，繁殖力をどう考えるにせよ，結局のところ，観測結果をきちんと解釈するには，大数の数学や集団現象の理論に頼らなければならない [Weldon, Pearson and Davenport 1901, p. 3, 強調は原著者]．

集団現象：mass-phenomena

進化論を個体の現象ではなく集団現象として数学的に研究する手法は，その後の進化論の数理研究の基盤となり，この分野の発展に統計学の手法が大いに貢献することにつながる．

また，ピアソンは正規分布にならない**歪んだ分布**の分析もおこなった．ピアソンは，歪んだ分布は軸の異なる複数の正規分布が組み合わされたと考えた．

歪んだ分布：skew distribution

> 本論文では，実践的な目的で誤差曲線として表すことのできる頻度曲線を**正規曲線**と呼ぶことにする．一連の測定によって正規曲線

が生じるなら，安定した条件に近づいている事柄，つまり平均のまわりで生成と破壊が偏りなく生じていることを想定できるだろう．ところが，生物学や社会学，経済学における測定のいくつかの事例では，この正規的形状からの明らかな偏りが見られ，そうした偏りの方向と量を決めることが重要になりつつある．この非対称性は，測定される素材で一括りにまとめられたものが実のところ同質ではないという事実から生じることがある．各群は平均から対称的に偏り，十分な精度で正規曲線によって表され，そうした同質の群がたまたま $2, 3, \ldots, n$ 個組み合わさったのかもしれない．このように，非正規の頻度曲線は，実のところ平行だが必ずしも一致しない軸と異なるパラメータの複数の正規曲線から構成されていることがある [Pearson, K. 1894, p. 72, 強調は原著者].

さまざまな領域の観測で正規分布にならない歪んだ分布が得られたとしても，それは複数の正規分布が組み合わさったものであり，ピアソンにとってあくまで基本は正規分布であった．

正規分布は，平均と分散の2つのパラメータで特徴付けられる．だが，歪んだ分布を含む分布一般を特徴付けるにはさらなるパラメータが必要になる．ピアソンは図 3.21 のようなさまざまな分布を考え，**歪度**（わいど）と**尖度**（せんど）と呼ばれるさらなる2つのパラメータを考案した．歪度は分布の歪みの方向と度合いを表し，尖度は分布の尖りの度合いを表す [Pearson, K. 1895]．さらに，ピアソンは平均，分散，歪度，尖度という分布の4つのパラメータを「モーメント（積率）」という指標によって標準化した[39]．この4つのパラメータによって分布の特性を決めることができるのである．

歪度：skewness
尖度：kurtosis

[39] 確率変数 X の期待値を $\mu = E(X)$ とすると，X の原点まわりの r 次のモーメントは，$\mu_r = E(X^r)$ で表される．また，X の平均まわりの r 次のモーメントは，$\mu'_r = E(X - \mu)^r$ で表される．すると，1次のモーメントは $\mu_1 = \frac{\sum X_i}{n}$ であり，これは X の分布の平均にあたる．2次のモーメントは $\mu'_2 = \frac{\sum (X_i - \mu)^2}{n}$ であり，これは X の分布の分散にあたる．3次のモーメントと4次のモーメントはそれぞれ $\mu'_3 = \frac{\sum (X_i - \mu)^3}{n}$ と $\mu'_4 = \frac{\sum (X_i - \mu)^4}{n}$ となる．X の分布の歪度は $\frac{\mu'_3}{\sigma^3}$ で，尖度は $\frac{\mu'_4}{\sigma^4}$ で定義される [芝村 2004a, p. 104].

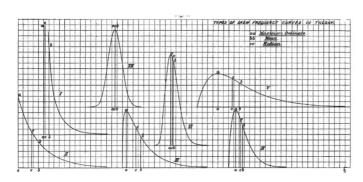

図 3.21　歪んだ分布 [Pearson, K. 1895, A. Plate 9].

ピアソンはモーメントにより分布の特性を理論的に表す道具を入手した．そこでピアソンは，仮定される理論的な分布と収集された観測データとのあてはまりの度合い，すなわち**適合度**を定量的に評価するための基準を究明し，1900 年の論文でカイ二乗適合度検定を考案した．ピアソンはこの論文のなかで，「ここで解決したい問題は，標本が一般的な母集団の理論的頻度分布からのランダムな偏差のシステムを表していると合理的にみなせるかどうかである」[Pearson, K. 1900, p. 164] と述べる．つまり，ピアソンにとって観測値とは，ある分布（母集団）からランダム抽出された標本のことである．ピアソンによるこの観測値の捉え方は重要である．『統計学を拓いた異才たち』の著者デイヴィッド・サルツブルグは，これについて次のように述べている．

適合度：goodness of fit

> こういったことは，ピアソンを正規分布または誤差分布のさらに一歩先へと進めることになった．生物学の蓄積データを見て，ピアソンは，誤差は測定によるものというよりも，むしろ観測値そのものが確率分布を持っていることに気づいた．われわれの測定するものが何であろうと，実際にはそれはランダムな散らばりの一部分であり，その確率は分布関数という数学上の関数で表現される [サルツブルグ 2006, p. 20].

ピアソンの観測値の捉え方は分布の考え方をさらに一歩進めた，とサルツブルグは評している．「ピアソンは観測値の分布を 1 つの実在物として見た．彼のアプローチによれば，所与の状況では膨大であるが有限個の観測値の集合が存在する．理論的には，科学者はこの観測値すべてを収集でき，その分布の母数 [パラメータ] を決定できるのが望ましい．もし，すべてを収集できなくても，とても大きい代表的な部分集合が収集できると考えるのだ」[サルツブルグ 2006, p. 82]. ピアソンにとって，観測値は母集団からランダム抽出された標本であり，サンプルサイズが十分に大きければ観測値の分布は母集団と同じになるので，彼は観測値の分布が実在すると考えた．観測値は母集団からランダム抽出された標本だという考え方は，第 4 章で取り上げる，フィッシャー，ネイマン，エゴン・ピアソンなどにも受け継がれることになる．しかし，サンプルサイズの大きい大標本を想定して観察値の分布と母集団を

同じとみなし，観測値の分布を実在物と捉えるカール・ピアソンの考え方は，フィッシャーに批判されることになる．

さて，カイ二乗検定に話を戻そう．n 個の観測値が k 種類のカテゴリーに分類されるとし，各カテゴリーに属する観測値の度数を $O_1, O_2, \ldots, O_k$，その理論値（期待値）の度数を $T_1, T_2, \ldots, T_k$ とする．ピアソンは，観察値が理論値にあてはまる度合いの基準を

$$\chi^2 = \frac{(O_1 - T_1)^2}{T_1} + \frac{(O_2 - T_2)^2}{T_2} + \cdots + \frac{(O_k - T_k)^2}{T_k} = \sum_i \frac{(O_i - T_i)^2}{T_i}$$

と定義した．これは「**適合度基準**」と呼ばれ，ピアソンのカイ二乗適合度検定の基準となった．

ちなみに，p 値という概念は，ピアソンの 1900 年のこの論文で初めて導入される．彼は，カイ二乗検定における p 値を，観測データの分布の偏差を表す χ が母集団からのランダム抽出によって得られる分布の偏差 χ_0 よりも大きくなる確率として定義し，

$$P(\chi > \chi_0) = \frac{\int_{\chi_0}^{\infty} e^{-\frac{1}{2}\chi^2} \chi^{n-1} d\chi}{\int_0^{\infty} e^{-\frac{1}{2}\chi^2} \chi^{n-1} d\chi}$$

という数式で表した [Pearson, K. 1900, p. 158]．ただし，ピアソンによるカイ二乗検定は，第 4 章で解説する有意性検定や仮説検定のように，p 値が 0.05 や 0.01 などのある基準（「有意水準」と呼ばれる）より小さいかどうかで仮説を評価するのではない．そうではなく，p 値の大きさのみで標本の適合度を評価し，標本と母集団の隔たりがランダム誤差によるといえるほど小さいかどうかを判断している．

ピアソンの後にロンドン大学の優生学科に就いたフィッシャーもゴールトンの意を明確に引き継いだ．1956 年の著作『統計的方法と科学的推論』の第 1 章の冒頭で，フィッシャーは次のように述べる．

研究論文の大量生産という現代の特徴が，統計学のさまざまな領域にも見られる．そのうちの多くは以前に読むことのできたものよりもかなり水準が高く，扱う範囲は自然科学の分野全般に限らず，技術，商業，教育，管理のために要請されたものまで及ぶ．こうしたことは，多才でいささか風変わりな天才フランシス・ゴールトンがかつて始めた，抽象的に理解しようとする努力に伴う自

然で，おそらくは不可避な結果として開花している．今日，統計学的な方法や考え方を適用して成功している成果の多くは，本来科学的な目的のもとでなされたものではない．つまり，明確に自然現象をよりよく理解することを目的としたものではない．しかし，私が思うに，ゴールトンの始めた一連の研究が実を結び成功したのは，彼の独自の自由奔放な科学的好奇心に満ちたものの見方と，科学の問題には洞察力のある統計学的な方法論が求められるという信念の賜物である [Fisher 1956, p. 1].

フィッシャーは，統計学の礎を築いたとしてゴールトンの功績を讃えている．統計学の方法が本来科学的な目的でないというのは，物理学的な方法ではないという意味である．だが，ゴールトンのおかげで，生物学などの物理学以外の科学の問題にも統計学の方法で取り組めるようになったのである．後述するが，フィッシャーは科学の方法論としての統計学にこだわりをもっていた．

　ちなみに，フィッシャーはこの後でピアソンにも言及しているが，彼の活動的な面は評価しつつも，それ以外はかなり辛辣な評価である．「ピアソンの数学と科学の研究があまりにひどいのは，彼が自己批判をしなかったことと，ほとんど何も知らない生物学においてでさえ，他人から学ぶことがあるという可能性を認めようとしなかったことからくる．結果として，ピアソンの数学は常に精力的ではあったが，いつもお粗末であり，誤解を招くものが多かった」[Fisher 1956, p. 3]．フィッシャーがピアソンの数理統計学と生物学の成果を評価していないのが伝わる．

　ピアソンとフィッシャーが不仲であったのは，人間関係によるものもあるが，分布についての見解の違いも大きな理由である．ピアソンは，サンプルサイズが十分大きければ，観測値である標本は母集団とほぼ等しくなる．それゆえ，観測値の分布を実在とみなしていた．観測データは理想的にはすべて収集でき，その分布は母集団の特徴をそのまま表す．すべてのデータを収集できないとしても，とても大きなサンプルサイズの標本を収集できると考えていた [サルツブルグ 2006, p. 82]．ピアソンは，**大標本**を仮定していたため，標本と母集団を明確に区別しなかった．

　それに対してフィッシャーは，ウィリアム・ゴセットの**小標本**の研究に触発され，**標本**と**母集団**を区別した．ゴセットはギネス

醸造会社に勤めていたが，会社の方針で従業員の研究発表は禁止されていた．そこで，ゴセットは「ステューデント (Student)」というペンネームで小標本の研究成果を発表した．1908 年の論文でゴセットは，「正規曲線を用いる方法が唯一信頼できるのは，標本が『大きい』ときだけであることはよく知られているが，これまでに誰も『大』標本と『小』標本の境界を明確に引いてこなかった」[Student 1908, p. 2] と嘆いた．そして，正規分布表に代わる，小標本のときに用いられる確率分布表を示し，図 3.23 の t 分布も提示した．

フィッシャーはゴセットの成果を受けて，標本から母集団のパラメータを推測する方法を考案する．フィッシャーは 1925 年の著作『研究者のための統計的方法』で，「圃場や研究室における

図 3.22　ウィリアム・ゴセット

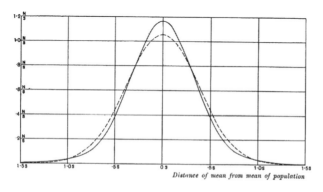

図 3.23　正規分布と t 分布 [Student 1908, p. 12]．実線は正規分布を表し，点線は標準偏差の等しい t 分布を表す．

実験では必然的に小標本しか得られないのが普通であり，その場合，母集団の分散は標本から大まかにしか推定できず，推定値の誤差が標準誤差の方法に深刻な影響を及ぼすことが，1908年に『ステューデント』によって指摘された」[Fisher 1925, p. 105] と述べている．

　フィッシャーは1925年の著作において，標本と母集団について次のように述べる．

> 最も簡単な場合でも，手持ちの数値（あるいは数値の集まり）は，同じ状況のもとで得られる数値の**仮想的な無限母集団**からのランダム抽出による標本であると解釈する．この母集団の分布は，いくつかの数（通常はわずかな数）の**パラメータ**，すなわち数式に登場する「定数」に関して，ある種の方法で数学的に特定することができる．（中略）しかし実際には，パラメータの値を正確に特定することはできず，その値の推定値を求めることしかできない．それも多少不正確なものとなる．これらの推定値は**統計量**と呼ばれ，もちろん観測値から計算される [Fisher 1925, pp. 7–8, 強調は原著者].

仮想的な無限母集団：hypothetical infinite population

統計量：statistic

フィッシャーは，観測値を仮想的な無限母集団からのランダム抽出した標本として捉えた．そして，観測値である標本から計算して，母集団のパラメータを推定する．フィッシャーはここで，パラメータの推定値を「統計量」と名前を変更している．これは，標本と母集団の関係についての理解がピアソンと異なるので，ピアソンが用いていた推定値と区別するために，フィッシャーが新たに名付けたものである．統計量は標本の平均や分散のように標本を要約した量で，母集団のパラメータを推定するときに用いられる統計量を「**推定量**」と呼ぶ．

推定量：estimator

　すると，標本から母集団を推定するための**よい統計量**が必要になった．フィッシャーは『研究者のための統計的方法』の第5版において，「推定の方法を考案するほど容易なことはない．本章の主な目的は，うまくいく方法をうまくいかない方法からどのように区別するのかを説明することである．推定を主題とするこの分野の発展が遅れたのは主に，その後現れるもっともらしい統計量の数や種類を認識してこなかったことに起因するように思える」

[Fisher 1934, p. 277] と述べ，統計量のよさの基準を提案する．
フィッシャーは，**一致性**，**有効性**，**十分性**などを提案する．一致
性は，サンプルサイズが大きくなると，標本の推定量が母集団の
パラメータの真値に近づくという性質である．また，2 つの（不
偏）推定量について，分散の小さいほうが有効性のある推定量で
ある．十分性は，推定量がパラメータを推定するときに標本から
得られる情報をもれなく含んでいるという性質である．このよう
に，フィッシャーは標本から母集団を推定するときの統計量のよ
さの基準を考案した．

一致性：consistency
有効性：efficiency
十分性：sufficiency

　さて，フィッシャーは統計学をどのように理解していたのだろ
うか．彼は 1925 年の『研究者のための統計的方法』の冒頭で，統
計学を簡潔に説明している．

> 統計学とは，(i) **集団 (population)** の研究，(ii) **変異 (variation)** の
> 研究，(iii) **データ縮約**の方法に関する研究だとみなすことができる
> [Fisher 1925, p. 277, 強調は原著者].

統計学は集団の研究だというのは，**集団的思考**の枠組みを採用し
ているということである．また，変異の研究というのも，平均だ
けでなく**分散**も重視するゴールトンの考え方を踏襲していること
の表れである．これらは，フィッシャーが著作の最初に強調する
必要があるほど注意が必要な点である．おそらく，当時も誤差論
的思考で統計学を学んでモヤモヤ感を抱いた人が少なくなかった
であろう．フィッシャーは，集団的思考に思考の枠組みを切り替
えるように最初に注意を促しているのである．

4 帰無仮説有意性検定を使うときに抱くモヤモヤ感：有意性検定と仮説検定

　これまでは，そもそもなぜ統計を使うのか，そして統計を使うときの思考の枠組みがどういったものかを解説してきた．本章では，統計学の検定理論でおなじみの p 値を用いる統計的な検定理論を取り上げる．この検定理論は統計学の教科書によって説明が異なり，1つにまとまった理論になっていない．その理由については，4.1 節で説明する．統計的な検定理論は誤解や誤用が多く，古くから何度も注意喚起されてきた．今日の検定理論は，フィッシャーが考案した有意性検定と，ネイマンとエゴン・ピアソンが手掛けた仮説検定を混成したものである．検定理論の誤解を解くためにも，この2つの検定理論に立ち返ることは重要であろう．そこで，4.2 節ではフィッシャー流の有意性検定，4.3 節ではネイマン–ピアソン流の仮説検定を検討する．そして 4.4 節では，フィッシャーと，ネイマンおよびピアソンとの対立点を整理し，対立点の根底にある科学哲学の違いを検討する．

4.1　検定理論の繰り返される誤解と誤用

　統計学を教科書や講義で学んだ人なら，「p 値」と呼ばれる統計量を聞いたことがあるだろう．p 値を用いる解析法は現在では**帰無仮説有意性検定**と呼ばれる．英語の頭文字をとって「NHST」と略されることもある．日本語の教科書では，「統計的検定」，「帰無仮説検定」，「統計的仮説検定」などと呼ばれたりもしている．じつは帰無仮説有意性検定の理論はつぎはぎだらけであり，1つにまとまった理論ではない．統計学の教科書によってその解説は異なり，統一されてない．それゆえ，帰無仮説有意性検定を正確に

帰無仮説有意性検定：null hypothesis significance testing

098 | 4 帰無仮説有意性検定を使うときに抱くモヤモヤ感：有意性検定と仮説検定

特徴付けるのは難しい．だが，それでは話が進まないので，ひとまず教科書によくある手順を示しておこう[1]．

1. 帰無仮説と対立仮説を立てる．
2. 統計量と分布を決める．
3. 有意水準と検出力[2]を決める．
4. データをとり，p 値を求める．
5. 帰無仮説を棄却して対立仮説を採択するかどうかを決める．

この手順通りに統計解析を進めると，確からしい仮説が採択されるはずである．しかし，この手順で進めて有意になったはずの研究を改めて追試してみると，うまくいかない場合が少なくないことがわかった．つまり，有意な結果となった仮説の再現実験をして検定をおこなってみると，有意な結果が得られず，実験を再現できない事例が多々あることが示されたのである．いわゆる「**再現性の問題**」である．

▌4.1.1 超能力の実験結果が学会誌に掲載される

再現性の問題はさまざまな分野で指摘されているが，ここでは心理学を 1 つの事例として見てみよう．心理学において，再現性の問題が注目される契機となったのは，社会心理学者のダリル・ベムによる 2011 年のサイ現象と呼ばれる超能力の実験である [Bem 2011]．ベムは，性的刺激や恐怖などの予知能力に関する 9 つの実験をおこない，予知能力が存在するという仮説について帰無仮説有意性検定をおこなった．すると，9 つのうち 8 つの実験において，予知能力が存在するという仮説に有意な結果が得られた．しかもこの結果は，*Journal of Personality and Social Psychology* 誌という心理学において定評のある雑誌に掲載されたのである．

[1] ここでは，母集団について特定の確率分布を仮定するパラメトリック検定を想定している．
帰無仮説：null hypothesis
対立仮説：alternative hypothesis
[2] 検出力については，4.3.7 項で説明する．

COLUMN 4.1

ベムの実験

9 種類のうち 1 つの実験を紹介しておこう．パソコンの画面上に 2 つのカーテンが表示され，どちらか一方にだけ画像が隠れていて，もう一方には何も隠れていない．実験参加者はどちらか一方のカーテンを選んで開くとする．実験結果は，隠れている画像が性的な場

合，画像の隠れたカーテンを選ぶ確率が有意に高くなり，隠れている画像が性的でない場合，画像の隠れたカーテンを選ぶ確率は有意に高くならなかった．

　もちろん，この雑誌の編集委員たちは超能力の存在を認めるベムの論文が物議をかもすことを予見していた．そこで，ベムの論文の前に編集委員のコメント [Judd and Gawronski 2011, p. 406]を添え，論文の後にはエリック＝ジャン・ウェイゲンメーカーズらの批判論文 [Wagenmakers, Wetzels, Borsboom and Maas 2011]を付して掲載することにした．編集委員のコメントでは，驚きとともに困惑もする内容だが，徹底した厳しい査読のプロセスを経たので掲載を決めた旨が綴られている[3]．

　ウェイゲンメーカーズらによるベムへの批判論文では，3つの問題が指摘されている．1つ目は，ベムの研究が本当は仮説を形成するための探索的研究であるにもかかわらず，データをもとに仮説を検証する研究であるかのように論じているのではないかという批判である．2つ目は，帰無仮説有意性検定では本来，予知能力仮説が正しいという条件のもとでデータが得られる確率 $P(D|H)$ を求めなければならないが，ベムは得られたデータのもとで予知能力仮説が正しい確率 $P(H|D)$ が高いと主張しているという指摘である．データのもとで予知能力仮説が正しい確率（事後確率）を求めるのなら，ベイズの定理を用いる必要があり，そうすると予知能力があるという仮説についての事前確率 $P(H)$ はものすごく小さいので，事後確率も小さくなる[4]．3つ目は，ベムのおこなったサンプルサイズの大きい片側検定は有意な結果が出やすいという問題である．そこで，ウェイゲンメーカーズらは証拠の強さを評価するのに，ベムのデータを用いてベイズ検定をおこなってみると，予知能力仮説を支持しないという結果になった[5]．これらのことから，ウェイゲンメーカーズらは，ベムの実験からは予知能力の存在を示す証拠が得られないと結論付けた．

　ウェイゲンメーカーズらはベムの研究の批判にとどまるのではなく，心理学の研究一般に関する深刻な問題があると警鐘を鳴らした．

　　ベムは学術出版の暗黙のルールに従っていた．じつのところ，ベ

3) 編集委員のコメントには，ベイズ的アプローチを用いることを促す箇所もある．

4) ウェイゲンメーカーズらは，予知能力仮説の事前確率 $P(H)$ を 1.0×10^{-20} と設定し，事後確率 $P(H|D)$ を 1.9×10^{-19} と算出している．

5) ベムの9種類の実験のうち1種類のみが予知能力仮説を実質的に支持する結果 (substantial evidence) となったが，その実験結果も証拠の強さとしては弱かった．

ムは通常求められるよりも多くの研究成果を発表した．したがっ
て，ベムの実験への本稿の評価をありそうもない現象の研究への攻
撃として解釈するのは誤っているだろう．そうではなく，本稿の
評価は，実験心理学者の研究計画の立て方と統計的結果の報告の
仕方のどこかに大きな誤りがあることを示唆している．真実だと
誇らしげに自信たっぷりに文献で報告される多くの実験成果がじ
つは，探索的で偏った統計的検定に基づいている可能性があるこ
とは憂慮すべきである．ベムの論文が変化するための道しるべ，
前兆になることを願う．心理学者はデータの解析方法を変えなけ
ればならない [Wagenmakers, Wetzels, Borsboom and Maas 2011,
p. 431].

ベムの論文は，学術的に認められている手続きを踏んだとしても，
超能力のような科学的に受け入れがたい仮説が有意な結果を示す
ことがあり，しかもその結果は心理学の学術雑誌に掲載されるこ
とを示していた．

4.1.2 再現性の問題

　ベムの論文はさらなる騒動を巻き起こした．ベム本人は論文の
なかで，追試の重要性と追試者への支援を訴えていた．そこで，
複数の研究室からなるチームがベムの実験を再現してみると，予
知能力仮説について否定的な結果を示した．その結果を *Journal
of Personality and Social Psychology* 誌に投稿したところ，編
集委員会は雑誌の編集方針に従って門前払いを食らわしたのであ
る．これを 1 つの契機として，心理学では追試が軽視されている
という批判が噴出した．そこで，**オープン・サイエンス・コラボ
レーション**という共同研究グループが設立され，古典的研究や主
要雑誌に掲載された研究を追試する，「**再現性プロジェクト**」が
立ち上がった [平石・中村 2022, p. 26]．このグループが 2008 年
に出版された心理学研究の 100 件を 95％の信頼区間で追試したと
ころ，36％の研究しか有意な結果が得られなかった [Open Science
Collaboration 2015]．
　この事態は科学者に衝撃を与えるとともに，帰無仮説有意性検
定の誤解や誤用に対して多くの批判が浴びせられ，再現性につい
てさまざまな注意喚起が促された．2015 年に社会心理学の学術誌

オープン・サイエン
ス・コラボレーション
：Open Science
Collaboration
再現性プロジェクト
：Reproducibility
Project

Basic and Applied Social Psychology の冒頭で,「今後, 帰無仮説検定を禁止する」[Trafimow and Marks 2015, p. 1] という先鋭な編集方針が打ち出された. そこでは,「著者は論文発表前に帰無仮説検定の痕跡をすべて取り除かなければならない」[Trafimow and Marks 2015, p. 1] と明言されており, さらには「他の雑誌も本誌の方針に従うことを期待する」[Trafimow and Marks 2015, p. 2] と締めくくられている[6].

翌 2016 年に, アメリカ統計協会は, 帰無仮説有意性検定に関する声明を出した. その声明では次のように述べられている.

> P 値[7] は有用な統計指標ではあるが, 誤用と誤解がまかり通っている. このことにより, 一部の学術雑誌では P 値の利用を控えさせたり, 一部の科学者や統計家が P 値の使用をやめるよう勧めたりしているが, その際の主張は P 値が導入されたときから本質的に変わっていない.
>
> このような背景を踏まえ, アメリカ統計協会 (American Statistical Association, ASA) は, 公式な声明により, P 値の適正な使用と解釈の基礎にある広く合意された原則を明らかにすることで, 科学界が利益をえると考えている [Wasserstein and Lazar 2016, p. 131. (日本計量生物学会訳 2017, p. 1)][8].

この声明は帰無仮説有意性検定の誤解や誤用に対する警告である. ここで, p 値が有益な指標だと認めていることに注意しよう. ところが, 3 年後の 2019 年に同協会が組んだ特集号では論調が過激になっている.「『$p < 0.05$』を超えた世界に進もう」というタイトルで組まれた特集号では, 43 本もの論文が発表された. 編集者のロナルド・ワッサースタインとニコール・ラザールは,「結論としては, この特集号の論文とさらなる文献のレビューに基づけば, 『統計的に有意』という用語の使用を完全にやめなければならないときにきているということだ」[Wasserstein, Schirm and Lazar 2019, p. 2] とまとめている. 似たような論調は他の論文にも見られる.

じつは, こうした注意喚起はいまに始まったことではない. 昔から何度も繰り返し指摘されてきた. たとえば, 1970 年のデントン・モリソンとラモン・ヘンケル編著の論集『有意性検定論争』は

[6] 『アメリカ心理学会論文作成マニュアル』の第 7 版 (2020 年) によると,「アメリカ心理学会は, NHST は出発点にすぎず, 結果の最も完全な意味を伝えるには, 効果量, 信頼区間, 詳細な記述といった追加の報告事項が必要であることを強調する」(American Psychological Association 2020, p. 87) とあり, 帰無仮説有意性検定をおこなうことが推奨されている.

[7] 本書では小文字で「p 値」と表記しているが, ここでは原著に従って大文字で「P 値」と表す. 以下でも引用については原著の表記に従うことにする.

[8] この声明文は次のサイトから入手できる. https://www.tandfonline.com/doi/full/10.1080/00031305.2016.1154108 また, 日本計量生物学会の翻訳は次のサイトで公開している. https://www.biometrics.gr.jp/news/all/ASA.pdf

有名であり，日本語にも翻訳されている．編著者のモリソンとヘンケルは序文の冒頭で，「われわれが本書を編集しようと思いたったのは，行動科学的な研究において有意性検定がみさかいなく利用されている例が多いことに懸念を覚えたからである．検定を最も強く支持する人たちでさえ，検定の誤用・誤解および無意味な利用の例が多いことを認める」[モリソンとヘンケル 1980, p. (7)] と嘆いている．

また，1974 年にステフェン・スピールマンは，「この分野で用いられる検定のなかには厳密なフィッシャー流の理論に違反しているものがある．そして，社会科学の若い研究者たちは，『有意性検定』と銘打った検定の混成理論 (hybrid theory) を用いるようになっている．この混成理論は，論理は本質的にフィッシャー流であるが，口先だけはネイマン–ピアソン流の検定理論だと称している」[Spielman 1974, p. 211] と指摘している．こうした帰無仮説有意性検定の誤解や誤用への注意喚起はかなり以前から繰り返しおこなわれてきた[9].

4.1.3 誤解・誤用を招く犯人は誰だ

帰無仮説有意性検定の誤解や誤用の要因の 1 つは，有意性検定と仮説検定という 2 つの異なる検定理論をごちゃ混ぜにした理論にあるだろう．ごちゃ混ぜ理論は「混成理論」と呼ばれる．フィッシャーが有意性検定を考案し，その後，ネイマンとエゴン・ピアソンが有意性検定に変更を加えて，仮説検定という別の検定理論を提示した．おそらく，帰無仮説有意性検定が混成理論であることを知っている研究者は多くないだろう．混成理論だというのを聞いたことがある人でも，有意性検定と仮説検定の何が違うのかを知っている人はどれだけいるだろうか．

計量心理学者のカール・ヒューバティは，1910 年から 1992 年までの統計学の教科書を詳細に分析し，「誤っているのは統計的な検定ではない．むしろ，教科書の表現や統計教育の実践，雑誌の査読に疑いの目を向けないといけないかもしれない」[Huberty 1993, p. 317] と結論付けている．心理学者のゲルド・ギガレンツァは，「容疑者は 3 人いる．研究者，大学の管理者，出版社だ」[Gigerenzer 2004, p. 588] と主張する．ギガレンツァによると，ほとんどの研究者は論文発表に躍起になって，統計学の考え方には目もくれな

9) 再現性の問題では，望まない結果をもたらすデータを削除するなどの p-hacking や，結果が出た後に仮説を立てる HARKing (Hypothesizing After the Results are Known) なども取り上げられるが，本書では検定理論の誤解や誤用に注目することにする．

い．大学管理者は論文数に関心があり，研究者にできるだけ論文を量産するように発破をかける．出版社は，帰無仮説有意性検定を儀式化された単一のマニュアル本を書くように執筆者に依頼する．そのため，帰無仮説有意性検定理論の誤解や誤用が昔からずっと続いており，いまだその悪循環から抜け出せないままでいる．

ギガレンツァの指摘を踏まえると，悪循環から抜け出すには業績主義の研究業界を変えることが抜本的な対策になるだろうが，本書の目的はそれではない．また，業績主義が一概に悪いとも思わない．研究者や大学に業績主義が押し付けられている現状で，この悪循環を断ち切るのは難しい．だが，ギガレンツァの指摘のなかで，統計学の考え方をきちんと教えること，および儀式化されてしまった単一のマニュアルを批判的に検討することは可能である[10]．これが本章の目的でもある．

統計学の考え方の基盤については前章で説明したので，ここではそうしたマニュアルが登場する以前に立ち返ることにしよう．上で述べたが，今日の帰無仮説有意性検定は，フィッシャー流の有意性検定とネイマン–ピアソン流の仮説検定をごちゃ混ぜにした混成理論である．そこで，4.2 節では有意性検定，4.3 節では仮説検定に立ち返り，それらが異なる検定理論であることを確認する．4.4 節では，2 つの検定理論がなぜ異なるのかを探るため，フィッシャー，およびネイマンとピアソンの科学観を見ることにする．1.1 節で述べたように，統計学的推論の中核は帰納であり，帰納から得られる結論は必ずしも正しいわけではない．なので，どうしても問題点は出てくる．だが，そうした問題点を知ることも，統計思考を理解するには重要である．

10) 後で指摘するが，統計学の教科書の解説は出版社の依頼するような単一のマニュアルになっていない．教科書によって説明が異なっている．たとえば，第 I 種の過誤と第 II 種の過誤の説明について複数の教科書を比べてみるとよい．これについては，4.3.5 項で扱う．

4.2　フィッシャー流の有意性検定

フィッシャーは近代統計学の創始者の 1 人とされており，統計学に多くの貢献を果たした．**尤度**という概念や最尤推定法はフィッシャーが考案したものであり，**分散分析**や**ランダム化**を含む実験計画法も彼によるものである．そして，本節で取り上げる**有意性検定**もフィッシャーが考案した．フィッシャーによる検定理論は，次節で扱うネイマン–ピアソン流の仮説検定，さらには今日の帰無

尤度：likelihood
分散分析：analysis of variance
ランダム化：randomization
有意性検定：tests of significance

104 4 帰無仮説有意性検定を使うときに抱くモヤモヤ感：有意性検定と仮説検定

仮説有意性検定にもつながった[11]．だが，これら3つは異なる理論である．本節では，フィッシャーの原著にあたりながら，有意性検定の考え方を見ることにする．次節では，ネイマンとピアソンの原著にあたりながら，仮説検定の考え方を検討することにする．

[11] 統計的検定の起源は，1710年のジョン・アーバスノットによるものとされる [ハッキング 2013, p. 285].

▌ 4.2.1 p 値

フィッシャーは1921年の論文で有意性検定を初めて使用した．また，この論文は尤度という用語が初めて導入されたことでも有名である．この論文では，主に母集団の推定の問題が扱われ，最後に双子の形質の類似度の検定がおこなわれている．フィッシャーは，先行研究をもとに双子の形質の相関係数 ρ が0.18であるという仮説を設定する．そして，その仮説をもとに，先行研究の論文のデータから p 値を求めると，$p = 0.0051$ が算出され，測定しなおしたデータからは $p = 0.00014$ が算出された．そして，フィッシャーは「$\rho = 0.18$ との差はかなり有意に表れている」[Fisher 1921, p. 23] と結論付けた．この論文では，後述する有意水準 α や帰無仮説という用語を使ってはいないが，p 値をもとに有意性検定をおこなっている．ちなみに，有意性検定という表現も1921年の論文には登場しない．有意性検定という言葉が最初に用いられたのは，翌1922年の論文で，ゴセットの成果を説明した後に，「これらの表は観測された回帰係数の有意性を検定 (testing for the significance) するのに適した形式である」[Fisher 1922, p. 610] と述べた箇所が初出である．そして，統計学者のエリック・レーマンによると，「これ以降，推定ではなく厳密な有意性検定が，フィッシャーの小標本に関する研究の主な焦点となったようである」[Lehmann 2011, p. 11].

p 値という用語は3.3.3項で述べたように，カール・ピアソンが考案したものである．p 値は，（帰無）仮説のもとで，データから算出された統計量 z の実現値以上の統計量が得られる確率のことである．図4.1(a) の分布が仮説にあたり，丸がその仮説のもとでデータから算出された統計量にあたる．そして，その実現値以上の統計量の部分が斜線部であり，分布全体のうちの斜線部の占める確率（面積）を p 値という．図4.1(a) は片側検定の場合であり，両側検定では図4.1(b) のように分布の左側と右側の両端の領域を

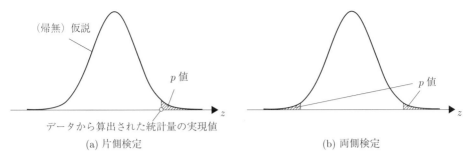

図 4.1 p 値
分布曲線は統計量 z の確率密度関数を表す．

含む．

　フィッシャーは，1921 年の論文で双子の形質の類似性の検定をおこなった直後に，自身の方法とベイズ規則を混同すべきでないと注意を促している．そして，ここで「尤度」という用語が初めて使われる．

> この問題についての私の取扱いはベイズのものとは根本的に異なる．ベイズ [Bayes 1763] は，標本が観察されたことによって，ある与えられた範囲に母集団の値が入ることの実際の**確率**を求めようとしていた．この事例において，問題の完全な解は［相関係数］ρ の分布を積分した確率を求めることであろう．［だが］そうした問題は，ρ のさまざまな値の生じる統計的なメカニズムを知らなければ解決できない．そうした問題は，母集団から抽出した 1 つないしいくつかの標本によって与えられるデータでは解決できない．標本からわかることは，ある特定の ρ の値の**尤度**である．ただし，尤度は，その特定の ρ の値をもつ母集団から観測値 r をもつ標本が得られる確率に比例する量と定義される [Fisher 1921, p. 24, 強調は原著者].

フィッシャーはベイズ主義反対派の急先鋒であり，その後もベイズ主義を批判し続けた．彼はここで，2.2 節で説明したベイズの定理の事後確率と尤度を対比している．事後確率はデータが与えられたという条件のもとでのパラメータ（仮説）の確率であるが，フィッシャーによると，この事後確率を求めるには，さまざまなパラメータの事前確率がわからなければ求まらない．パラメータ

$\rho = 0.18$ の事後確率を計算するには，その事前確率を求める必要がある．目下の問題の場合，$\rho = 0.18$ の事前確率を求めるには，相関係数の範囲 $-1 \leqq \rho \leqq 1$ のあらゆるパラメータの生じるメカニズムがわかっていなければならない．フィッシャーがいいたいのは，パラメータの事前分布が定められないのであれば，事後分布は求められないということである．これはベイズ主義に対する代表的な批判である．

一方，フィッシャーによると，ある特定のパラメータの値の尤度であれば標本から求めることができる．母集団のあるパラメータ（ここでは $\rho = 0.18$）を仮説として設定すると，尤度とは，母集団から抽出したときに観察データ（標本）が得られる確率のことである．上の引用では p 値に言及していないが，p 値は尤度によって求めることができる．フィッシャーは，「確率と尤度は本質的にまったく異なる量だ」[Fisher 1921, p. 24] と強調し，仮説の尤度と仮説の確率を慎重に区別する．「仮説や仮説で表される量の確率については知ることができない．一方，仮説や仮説で表される量の尤度は観察結果をもとに計算すれば突き止めることができる」[Fisher 1921, p. 25]．「仮説の確率」とは事前確率のことで，それと仮説の尤度，つまり仮説のもとでデータが得られる確率は異なるのである．

フィッシャーは 1925 年に『研究者のための統計的方法』を出版し，研究者に広く有意性検定を紹介した．この本は有意性検定や p 値の普及に大きく寄与した．フィッシャーは序説で，「本書の主な目的は，研究者，とくに生物学者が自身の実験室で収集したり文献から入手したりできる数値データを統計的検定に正しく適用する方法を提供することである」[Fisher 1925, p. 16] と述べる．この本では，今日の教科書にも載っている適合度検定，独立性の検定，平均の差の検定，分散分析などが解説されている．フィッシャーが p 値を導入するのは，仮説の正しさを検証するためでなく，仮説の誤りを示すためであった．

ここで注意が必要なのは，この表現は有意性検定についての最初期の解説であり，仮説の真偽と仮説の棄却の有無を区別していない．誤解を避けるために先に述べておくが，有意性検定では仮説の正しさだけでなく仮説の誤りも証明することはできない．できるのは，仮説を棄却するかどうかという判断である．だが，以

下ではしばらくフィッシャーの原著通りに，仮説の真偽についての証明としてそのまま記すことにする[12]．

話を戻そう．フィッシャーは p 値について次のように述べる．

> 適合度という用語によって，P値が大きければそれだけ仮説の正しさが満足いくかたちで証明される (verify) と信じる誤謬を犯してしまう人がいる．0.999 以上の値が報告されることがある．これは，もし仮説が正しいとすると，1000 回の試行のうちでわずか 1 回しか起こらないだろうということである．一般にこういう場合，誤った公式を使った結果であることは明白だが，しかしときには，予期する範囲外にあるような小さな χ^2 の値が実際に起こることもある．（中略）その場合，P値が 0.001 になったときと同じように，目下の仮説は明らかに誤りであると証明された (disprove) ことになる [Fisher 1925, pp. 80–81]．

フィッシャーは，仮説の誤りを示すために p 値を導入しており，p 値によって仮説の正しさは証明できないとする．こうした保守的な表現は彼の文献のいたるところで繰り返される．この保守的な態度は帰無仮説を考案したときも同様である．

4.2.2 帰無仮説

帰無仮説は，有意性検定における重要な概念の 1 つである．帰無仮説は 1935 年の『実験計画法』で初めて導入された．この本の第 8 節のタイトルは「帰無仮説」であり，そこでフィッシャーは有名な紅茶の実験を紹介している．ある婦人がミルク入りの紅茶を味わうだけで，カップに紅茶を先に入れたかミルクを先に入れたかの識別が可能かどうかを判定する実験である．フィッシャーはこの判定に有意性検定を用いる．

> 有意性検定によって区別された 2 組の実験結果のうちの一方は，ある仮説，すなわちこの場合，下される判断が［カップに］注がれた成分の順番［紅茶が先かミルクが先か］にまったく影響を受けないという仮説から有意な隔たりを示す結果であり，他方はこの仮説から有意な隔たりを示さない結果である．この仮説は実験の結果によって疑いを差し挟んだり挟まなかったりするが，そうした仮説はやはり，あらゆる実験の特徴でもある．実験を計画す

[12] 読者には頭のなかで，仮説の真偽を仮説の棄却の有無と変換してほしい．

る際に，仮説を明示的に定式化しておけば，多くの混乱を避けられるだろう．どの実験においても，この仮説を「帰無仮説」と呼ぶことができる．そして，帰無仮説は一連の実験によって誤りであることが証明されることはあっても，決して正しさを証明されたり確立されたりすることはないという点に注意すべきである．どんな実験も，帰無仮説の誤りを証明する機会を事実に与えるためだけに存在するといえるのである [Fisher 1935a, pp. 18–19].

　フィッシャーによると，帰無仮説の正しさを示すことはできず，せいぜいその誤りを示すことしかできない．ここもフィッシャーのいい回しをそのままにしているが，正確にいうと，帰無仮説を採択することはできず，できるとしても**棄却**だけである．帰無仮説は棄却される機会を与えられるために存在するのである．フィッシャーにとって，この非対称性は帰無仮説の本質的な特徴である．帰無仮説の非対称性は些末なことではなく，有意性検定の目的やフィッシャーの哲学の核心的な要素である．

　ところが，今日の教科書には，「帰無仮説を採択する」といった表現を目にすることがある．帰無仮説は本来，棄却するために，すなわち無に帰するために立てる仮説であるので，帰無仮説を採択するというのは矛盾を含むような表現であるし，フィッシャーの意図にも反する．仮説の棄却と採択の違いは，有意性検定の理解だけでなく，ネイマン–ピアソン流の仮説検定を理解するうえでも重要である．これについては 4.3 節で説明する．

　フィッシャーによると，「帰無仮説は，精密 (exact) でなければならない，すなわち少しでも不明確な点やあいまいな点があってはならないことは明らかである．というのも，有意性検定がその解となる『分布の問題』の基礎を与えるべきものだからである」[Fisher 1935a, p. 19]．フィッシャーは，帰無仮説を具体的な分布として精密に表現しなければならないと主張している．たとえば，婦人が 2 つの異なる種類の対象をある程度識別できるという仮説はあいまいである．この仮説が正しいとしても，これだけだと具体的に分布として表すことができないので，帰無仮説として設定できない．一方，婦人がその 2 つの対象を一切識別できないという仮説であれば，帰無仮説に設定できる．別の例を挙げると，2 つの群の動物の死亡率が等しいという仮説は帰無仮説に設定できる．

フィッシャーによると,「このような場合は明らかに,検定をして
可能なら誤りを証明するよう実験を計画するには,死亡率をある
特定の値ではなく等しいとすることである」[Fisher 1935a, p. 20].
仮説を分布として精密に表現することは,帰無仮説を棄却するた
めの必要条件であり,精密に表現できなければ帰無仮説にはなら
ないのである.

　精密な帰無仮説を設定するには,統計量と分布を特定すればよ
い.フィッシャーは『研究者のための統計的方法』のなかで,統計
量と3種類の分布を紹介している.「**統計量**とは,母集団から抽出
された標本をもとに母集団の特性を明らかにするため,観測され
た標本から計算される値である」[Fisher 1925, pp. 43–44, 強調は原
著者].たとえば,平均や分散は統計量であり,そこから母集団の
特性を明らかにする.フィッシャーはそのうえで,正規分布,ポ
アソン分布,二項分布という3つの基本的な分布について解説す
る.フィッシャーによると,「この3つの分布について,分布を表
す数式,分布が生起する実験条件,およびその生起を確かめる統
計手法という一般的事柄を知っておくことが重要である」[Fisher
1925, pp. 44–45].研究者は実験条件に合わせて,統計量と分布を
決める必要がある.そうすることで初めて,帰無仮説を正確に設
定することができるのである.

4.2.3　設ける仮説は 1 つだけ

　フィッシャー流の有意性検定では,帰無仮説しか登場しない.
つまり,有意性検定で設定されるのは 1 つの仮説だけであり,2
つないしそれ以上の仮説ではない.フィッシャーは,当時広まっ
ていた有意性検定の誤解について次のように嘆いていた.

　　（a）有意性検定は同種の一連のデータに適用される同種の検定
　　［仮説検定］の 1 つとみなさなければならない,（b）検定の目的
　　は 2 つないしそれ以上の仮説を判別したり「意思決定 (decide)」
　　したりすることだ,という考え方がある.概して,こうした考え
　　方を偶然にそうなる場合もあるとしてではなく,検定の論理の本
　　質的な要素として受けとられてしまうと,その考え方の理解を大
　　きく妨げてしまう.このような錯綜した状況を正しく理解するた
　　めには,ただ 1 組の観察値に基づいてただ 1 つの仮説だけが適用

されるという有意性検定の性質をはっきりさせることが役立つだろう [Fisher 1956, p. 42].

2つ以上の仮説について意思決定することを目的とするのは，4.3節で扱うネイマン–ピアソン流の仮説検定の考え方である．フィッシャーは仮説検定を自身の有意性検定と混同すべきでないと忠告している．このように，有意性検定では帰無仮説という1つの仮説しか立てず，2つないしそれ以上の仮説を立てることは認められない．だが，今日の帰無仮説有意性検定では，帰無仮説だけでなく，「対立仮説」というもう1つ別の仮説を立てることが慣例となっている．また，後述するように，ネイマン–ピアソン流の仮説検定でも2つ以上の仮説を立てる．

4.2.2項で，帰無仮説は採択することはできず，できるとしても棄却だけであると述べた．フィッシャー流の有意性検定では，帰無仮説の1つしか仮説を設定しないため，帰無仮説を**棄却するか**，あるいは**棄却しないか**の選択肢しかない．しかし，今日の統計学の教科書で説明される帰無仮説有意性検定では，仮説の棄却だけでなく，仮説の採択も認めている．仮説を採択するという選択肢は，次節で扱うネイマン–ピアソン流の仮説検定に由来する．これについては，4.3.1項で詳しく述べる．また，仮説の採択をめぐるフィッシャーと，ネイマンおよびピアソンとの対立については，4.4.2項で扱う．

▍4.2.4　フィッシャーが有意水準を 0.05 とした背景

有意性検定では，帰無仮説を棄却するのに p 値はどのように用いられるのだろうか．フィッシャーは**有意水準**という基準を導入する．有意性検定では，この基準と p 値を比較して，帰無仮説を棄却するかどうかを決める．今日では，有意水準を 0.05 としたり，0.01 としたりする．なぜ，この値に設定するのだろうか．統計学の教科書には，せいぜい慣例的や便宜的と書かれているぐらいである．この値はフィッシャーの著作に記載されたことで広まった．では，フィッシャーはどのように説明したのだろうか．

有意水準：the level of significance

フィッシャーは 1925 年の『研究者のための統計的方法』のなかで，正規分布と偏差の関係を説明した後，有意水準について次のように説明する．

4.2 フィッシャー流の有意性検定 | 111

実際に応用するときに知りたいのは，［正規分布の］中心から任意
の距離における頻度ではなく，その距離以上の範囲にある全頻度で
ある．これはある点で切り取られた曲線の裾の面積によって表さ
れる．この全頻度の表，すなわち確率積分の表は任意の $\frac{x-m}{\sigma}$ の値
について，母集団全体のうちそれ以上の偏差をもつものの割合，
いい換えると，この法則で分布する変量の値をランダムに抽出す
るとき，それが与えられた偏差を超える確率を求めることができ
る．表Ⅰと表Ⅱは，［帰無仮説の正規分布における］種々の偏差と
その偏差に対応する確率値を示すために作成された．これらの表
では，偏差が増えるにしたがいその確率が急激に減少することが
うまく示されている．標準偏差を超える偏差は3回の試行のうち
でおおよそ1回起こる．標準偏差の2倍を超えるのは22回の試
行のうちわずかに1回ぐらいであり，3倍を超える偏差は370回
中わずか1回しか起こらない．（中略）P = 0.05，すなわち20
回中1回となる値は［標準偏差の］1.96倍で，約2倍である．
偏差が有意と考えられるかどうかを判断する限界として，便宜的
(convenient) にこの値をとる．そうすると，標準偏差の2倍を超
える偏差は形式的に有意とみなされる．この基準を用いれば，せい
ぜい統計量しか入手できる指標がないとしても，否定的な結果が
出るのは22回の試行のうちわずか1回のみとなるはずだ [Fisher
1925, pp. 47–48].

この説明の前半は，今日の統計学の教科書にも載っている解説で
ある．引用の x はデータ，m は標本平均，σ は標本の標準偏差で
ある．また，表Ⅰと表Ⅱは本書では割愛するが，いわゆる標準正
規分布表[13]のことである．フィッシャーによると，帰無仮説の標
準正規分布を考えて，得られたデータがその正規分布の偏差で表
されたときに，偏差が増えるとその偏差に対応する確率値は急激
に減少する．

　後半は，有意水準を 0.05 とする根拠が示されている．フィッ
シャーによると，**標準偏差の約2倍**（平均値から左右それぞれ2
つ分，すなわち左右合わせると4つ分の標準偏差を含む範囲）を
超えたら，帰無仮説は棄却される．そうした結果は20回中1回
程度しか起こらないまれなものなので，帰無仮説を棄却すると判
断されるのである．有意水準を 0.05 とするのは，図 4.2 のよう
に両側検定を考えたとき，正規分布全体のうち標準偏差の約2倍

13) 標準正規分布とは，
平均0，分散1の正規
分布のことである．ど
んな正規分布も標準正
規分布に変換できる．
標準正規分布表は統計
学の教科書の巻末によ
く載っている．

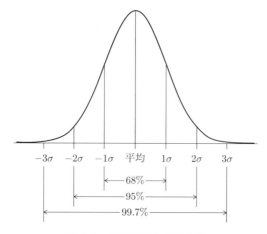

図 4.2 標準偏差と有意水準

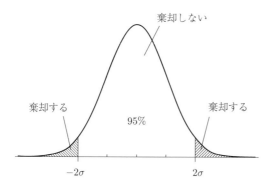

図 4.3 有意水準と仮説についての判断

を占める部分が約 95% だからである．ちなみに，標準偏差の 3 倍では，正規分布全体の約 99.7% を占める．そして，有意水準をたとえば 0.05 とすると，図 4.3 のように，p 値がその水準より小さい値 ($p < 0.05$) であれば，仮説を棄却し，p 値がその水準以上 ($p \geqq 0.05$) であれば，仮説は棄却しない．図 4.3 に斜線で示した棄却する領域を**棄却域**[14]という．

上の引用でフィッシャーは有意水準を 0.05 と設定したが，この値でなくてはならないとはいっていない．0.05 と設定するのはあくまで「便宜的」だとしており，フィッシャーは別の値に設定しても構わないと考えている．

棄却域：the region of rejection

[14] 4.3 節で扱うネイマンとピアソンは「危険域 (critical region)」と呼んだ．一般に，ある統計量 z が z_0 を超えた領域として定める．4.3.7 項では，この棄却域に関する数学を扱う．

4.2 フィッシャー流の有意性検定 | 113

20 回中 1 回が十分高いオッズに思えなければ，50 回中 1 回（2
パーセントポイント）や 100 回中 1 回（1 パーセントポイント）
にしてもよい．個人的には，5 パーセントポイントという低い基
準に設定するのがよく，この水準に満たないすべての結果を完全
に無視 (ignore) する．科学的事実が実験的に確立されるとみなす
べきなのは，適切に計画された実験で**まれにしか**この有意水準に
達しないときに限られる [Fisher 1926, p. 504, 強調は原著者].

今日の教科書では，5%や 1%の有意水準が用いられている．20 回
中 1 回，ないし 100 回中 1 回はまれにしか起こらないと考えても
いいだろうという程度である．

　フィッシャーは有意水準として 0.05 を勧めたが，この値はフィッ
シャーが決めたわけではなく，当時すでに用いられていた値であっ
た．3.3.3 項で述べたように，カール・ピアソンは 1900 年の論文
でカイ二乗検定を発表し，観測値の分布と母集団の隔たりが観測
誤差によるといえるほど小さいかどうかを p 値の大きさによって
評価することを提案した．ピアソンはこの論文のなかでいくつか
の事例を用いて p 値を算出している．たとえば $p = 0.1$ であれば，
「観測される頻度が母集団からのランダム抽出と両立するのはまず
ありえないというわけではない (not very improbable)」[Pearson,
K. 1900, p. 171] と評価する．一方，$p = 0.01$ だと「理論全体の実
験による確証としてはまずありえない (very improbable) 結果」
[Pearson, K. 1900, p. 172] であると述べる．

　また，ゴセットは 1908 年の小標本における t 分布を提示した
論文のなかで，後の有意水準にあたる基準について言及している．
図 4.4(a) は，3.3.3 項でも掲載したゴセットによる t 分布と正規分
布を比べた図である．実線は正規分布，点線は t 分布を表す．この
図は，標準偏差 $\frac{1}{\sqrt{7}}$ の正規分布とサンプルサイズ $n = 10$ の t 分布
を表している[15]．図 4.4(a) の正規分布と t 分布は，横軸の -0.8
と 0.8 のあいだにあたる範囲を超えるまでは分布の曲線は異なる
が，それを超えるとあまり変わらない．そこでゴセットは，それ
を超えない部分が「正規分布の**確率誤差**の 3 倍に対応し，ほとん
どの目的のもとでは有意とみなされる」[Student 1908, p. 13] と
述べる．確率誤差は，誤差論においてガウス分布の誤差の生じる
範囲の偏差を表すのに用いられる．確率誤差 1 つ分は標準偏差の

15) ゴセットは今日
の t 分布の密度関数を
$\sqrt{n-1}$ で変数変換し
た式を用いている．

確率誤差：**probable
error**

0.675 倍である．図 4.4(b) のように，ガウス分布全体の 50% を占める範囲の偏差は正負が確率誤差の 1 倍（平均値から左右それぞれ 1 つ分，すなわち左右合わせると 2 つ分の確率誤差）にあたり，標準偏差を用いて表すと $\mu \pm 0.675\sigma$ となる．そして，確率誤差の 3 倍（平均値から左右それぞれ 3 つ分，すなわち左右合わせると 6 つ分の確率誤差）は標準偏差の $0.675 \times 3 = 2.025$ 倍で，標準偏差の約 2 倍にあたる．ゴセットは，t 分布と正規分布で分布の曲線があまり変わらない**確率誤差の 3 倍を超えた範囲を有意水準**と設定し，それは分布全体の約 5% にあたる．

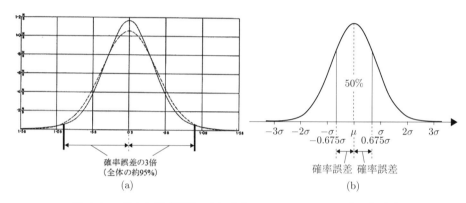

図 **4.4** t 分布と確率誤差．(a) は Student 1908, p. 12 を一部改変

他にも，1910 年に，農学者のトーマス・ウッドと天文学者のフレドリック・ストラットンという異分野の研究者が実験結果の解釈に関する共著論文を出版し，そのなかで，実用的には確率誤差の 3 倍を基準に用いることを勧めている [Wood and Stratton 1910]．このように，フィッシャー以前に，有意水準をおおよそ 0.05 に設定することが慣例となっていた．その理由は，確率誤差の約 3 倍，ないし標準偏差の約 2 倍ということであった．フィッシャーがこの値を決めたわけではないが，1925 年の『研究者のための統計的方法』は有意水準として 0.05 という値を設定することを普及させるのに大きく寄与した [Cowles and Davis 1982]．

COLUMN 4.2

確率誤差と標準偏差

確率誤差は，ドイツの天文学者フリードリヒ・ヴィルヘルム・ベッセルが 1815 年に分布のばらつきを測るために考案したものである [16]．翌 1816 年にはガウスも同じ表現を用いて，誤差論を展開する [Walker 1929, p. 186]．19 世紀は誤差論において分布のばらつき度合いを表すのに確率誤差を用いるのが一般的であった．

しかし，集団的思考にすでに頭が切り替わっていたゴールトンは，確率誤差という用語に不満を抱いていた．「数学者たちがある目的のために誤差法則に取り組んだことはすでに述べた．そして，私たちは彼らの成果を別の目的のために利用しようとしている．したがって，彼らの命名法は遺伝の問題にあてはめると，理解の妨げになったり不適切であったりすることが多い．とくに，『確率誤差』という用語はそうである．（中略）確率誤差という用語を素直に英語で解釈すると，最大確率の誤差ということであるが，この用語はかなり誤解を招きやすい．というのも，最大の確率になる誤差の値はゼロだからである [17][Galton 1889, p. 57]．ゴールトンは，確率誤差は誤差論の文脈で命名された用語なので，集団的思考に基づいた正規分布を扱う文脈には適していないと嘆いている．その後，カール・ピアソンが分布のばらつき度合いを表す言葉として**標準偏差**を造語し，確率誤差という用語にとってかわることになった．

[16] ベッセルはドイツ語で「der wahrscheinliche Fehler」と造語した．これは，「確率誤差」のドイツ語表記である．

[17] Probable error を直訳すると「起こりやすい誤差」となる．ゴールトンは，標準正規分布において最も起こりやすい，つまり生起確率が最大になるときの誤差の値はゼロ（平均は誤差の値がゼロ）だといいたいのである．

標準偏差：standard deviation

▌4.2.5 ランダム化

フィッシャーは，有意性検定の結論，すなわち帰無仮説を棄却するかどうかの判断を正当化するのは**ランダム化**をおこなうことだと主張している[18]．フィッシャーは 1919 年にイギリスのロザムステッド農業試験場に就職し，農事試験に取り組むなかで実験計画法を考案した．フィッシャーは，実験計画において**局所管理**，**ランダム化**，**繰り返し**の 3 つが必須だとし，これらは「フィッシャーの 3 原則」と呼ばれている．

3.2.1 項で述べたように，誤差にはランダム誤差と系統誤差がある．ランダム誤差は，実験ごとにランダムに生じ，測定のたびにばらつく実験誤差のことである．系統誤差は，時計の遅れや定規の伸びなどある特定の原因によって生じ，観測値を一定の方向に偏らせる実験誤差のことである．3.2 節で述べたように，ガウス以

[18] ランダム化が最初に導入されたのは，プラグマティズムで有名な哲学者のチャールズ・サンダース・パースと弟子の心理学者ジョセフ・ジャストロウによる 1833 年から 1884 年におこなわれた心理学実験である [Peirce and Jastrow 1885]．ランダム化の歴史については，Hacking (1988) を参照．

局所管理：local control

繰り返し：replication

降の従来の誤差論ではランダム誤差しか処理できなかったが，実験計画法のおかげで系統誤差もうまく処理できるようになった．

局所管理は，大きな系統誤差を除去するためにおこなう．時計の遅れや定規の伸びがわかっていれば，それを除去するのが局所管理である．ランダム化は，以下で説明するが，処置を対象にランダムに割り付ける方法であり，系統誤差をランダム誤差に変換する．従来の誤差論では処理できなかった系統誤差をランダム誤差に変換することで，処理できるようにしたのである．繰り返しは，誤差を推定したり，誤差を除去したりするためである [三輪 2015]．フィッシャーの3原則のなかでランダム化はとくに重要であり，フィッシャー自身も注意深く説明しているので，以下ではランダム化を詳しく見ることにする．

ランダム化については，1925年の『研究者のための統計的方法』で解説されている．フィッシャーは土地の肥沃度が作物の成長に与える影響を調べる方法を説明する際に，ランダム化の役割を次のように述べる．

> うまく計画されたすべての実験が満たしている第一の条件は，実験によって異なる肥料，処置，品種などのが比較できるだけでなく，観測されるそれらの差についての有意性検定の方法も示されることである．（中略）圃場試験に特有なのは，注意深くおこなったどんな一様の試行においても，試験の区画として選ばれた土地の地域が著しく不均一であることが検証されたという事実である．土地の肥沃度は系統的に変異し，多くの場合，地点ごとに複雑な仕方で変異している．有意性検定が妥当であるには，比較するために選んだ区画間の肥沃度の違いが異なる処置を受けた区画間の違いを正しく代表していなければならないが，事前に決められたある手順に従って区画を選べばそのように正しく代表すると想定することはできない．というのも，その決められた手順で配置した区画に，事前に決められた肥沃度の変異と共通する特徴があるかもしれず，しかも一様の試行による結果を検定するとその特徴を示すことが多いからである．そうすると，有意性検定は一切無効になる [Fisher 1925, p. 224]．

ここで事前に決められた手順で区画を選ぶというのは，たとえば図4.5(a) のように，左の区画に改良品種，右の区画に未改良品種

と決めて植えることである[19]．もし左側の区画の作物のみに成長促進の効果が見られ，右側の区画の作物には成長促進の効果が見られなければ，品種改良の効果があると判断したくなるだろう．だが，本当は図 4.5(b) のように左側の区画はたまたま肥沃な土地で，右側は不毛な土地であったとしよう．つまり，本当は品種改良が原因ではなく肥沃な土地が原因で，作物の成長が促進していた．研究者はそのことを知らないので，成長促進は品種改良による効果だと誤った結論を引き出してしまう．このように，処置をランダム化で割り付けていない実験の仮説について有意性検定をおこなったとしても，その結果は無効である．

[19] フィッシャーは，飼料用ビートの根の大きさを測定する例を挙げている．

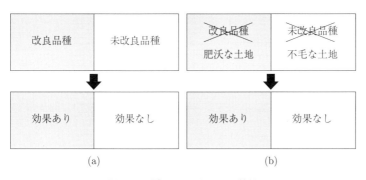

図 4.5　隠れた因子による効果

フィッシャーは 1935 年の『実験計画法』で，「どんな種類の実験でも，結果に影響を与えうる制御できない原因がいつも本当に数えきれないほどあるので，生じうる差異について，その実験に特有の網羅的なリストを提示することは不可能であろう」[Fisher 1935a, p. 21] と述べる．実際，土地の肥沃さだけでなく，日照条件や水はけのよさなど，制御できない要因は数多く存在する．そこでフィッシャーは，処置を**ランダムに割り付ける**方法を考案した．たとえば，図 4.6(a) のように農事試験をおこなう土地に肥沃な部分と日なたの部分があるが，研究者はそのことを知らないとする．ここで，図 4.6(b) のように土地の区画を細かく分ける．そして，図 4.6(c) のように，各区画に改良品種と未改良品種をランダムに配置する．ランダムに配置する方法として，フィッシャーは区画に番号を振り，その番号をカードに書き，カードを何度も

切って引くことを提案している.そして,図4.6(d)のように,ランダムに振り分けられた品種について,改良品種のみが成長の促進効果があり,未改良品種にはその効果が見られなかったとする.そのデータをもとに有意性検定をおこなって有意な結果が得られたら,品種改良が成長促進の原因と結論付けられるというわけである.

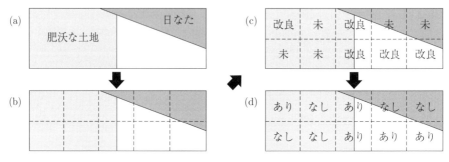

図 4.6　ランダム化

そして,フィッシャーは「実験結果を判断するための有意性検定の妥当性を保証するには,ランダム化についての簡単な対策をおこなえば十分である」[Fisher 1935a, p. 24]と主張する.ランダム化をおこなえば,有意性検定は妥当なものになる.フィッシャーはこの注意を何度も繰り返し喚起した.

4.2.6　フィッシャーの有意水準の考え方の変化

本節では,フィッシャー流の有意性検定を説明した.有意性検定では,設定される仮説は帰無仮説のみである.また,帰無仮説を採択することはできず,できるとしても棄却だけである.有意性検定では,帰無仮説を棄却するか棄却しないかの判断しか認められていない.その判断は,p値が設定した有意水準(たとえば0.05)より小さいか大きいかによって決まる.そして,有意性検定を妥当なものにするのは,ランダム化であった.フィッシャー流の有意性検定の手順は次のようにまとめられる[20].

20) ここでもパラメトリック検定を想定している.

1. 帰無仮説 (H_0) を設定する.
2. 統計量と分布を決める.

3. 有意水準を決める.

4. 実験計画を立てる.

5. データをとり, p 値を計算する.

6. p 値が有意水準より小さければ H_0 を棄却し, そうでなければ H_0 を棄却しない.

4.1 節の冒頭で紹介した帰無仮説有意性検定の手順との違いに注意しよう. 今日の帰無仮説有意性検定では, 帰無仮説の他に対立仮説を設定した. また, 有意水準だけでなく, 検出力も決めた. 一方, 有意性検定では対立仮説も検出力も設定しない. さらに, 帰無仮説有意性検定では, 仮説を棄却するか採択するかという判断をおこなう. しかし, フィッシャー流の有意性検定では仮説を棄却するかしないかの判断になっている. こうした違いは些末に思えるかもしれないが, そうではない. フィッシャー流の有意性検定の手順については, 4.3 節で扱うネイマン–ピアソン流の仮説検定の手順とも異なる. こうした違いについては, 4.4 節で検討する.

　ところで, フィッシャーは晩年になると p 値の捉え方を変える. 4.2.4 項で述べたように, 有意性検定では, p 値が有意水準より小さいかどうかで帰無仮説を棄却するかしないかが判断される. たとえば, 1925 年の『研究者のための統計的方法』の第 1 版で, フィッシャーは p 値を次のように説明する. 「P が 0.1 と 0.9 のあいだにあれば, 検定された仮説を疑う理由は確かにない. P が 0.02 より小さければ, その仮説が事実全体を説明できないことを強く示している. 慣例的に境界線を 0.05 に引けば誤ることはめったになく, χ^2 の高い値は本当に隔たりがあることを示しているとみなすだろう」[Fisher 1925, p. 80]. 有意水準として 0.05 という境界線を引き, p 値がそれより大きいか小さいかが判断の基準であった. p 値の数値自体に意味はなかった.

　この文章は 1954 年の第 12 版まではそのままであるが, 1958 年の第 13 版で最後の 1 文が削除され, 次の文章に書き換えられる [Lehmann 2011, p. 52]. 「仮説が抽出された母集団を正確に代表していると信じるならば, 仮説は真でないか, **あるいは** χ^2 の値がたまたま例外的に高い値になったかの**いずれか**という論理的な選言命題に直面する. 内挿法によって表から求められる正確な P の値は, その仮説に対立する証拠の強さ (the strength of the

evidence) を示すものである」[Fisher 1958, p. 80, 強調は原著者].
最後の箇所で p 値を「証拠の強さ」と表している.

　また,1956 年の『統計的方法と科学的推論』では,次のように述べられている.「一般に有意性検定は,帰無仮説から計算される仮説的な確率に基づいている.検定からは,現実の世界に関する確率的な命題は何も出てこない.ただ,合理的で十分よく定義された,検定する仮説を採択したくない尺度 (measure of reluctance) が導かれるだけである」[Fisher 1956, p. 44].ここでも,p 値を仮説の採択に対して抵抗する尺度として捉えている.つまり,晩年のフィッシャーは p 値を仮説に対立する**証拠の強さ**,仮説を採択したくない尺度として解釈し,p 値の数値に意味をもたせた.p 値の数値が小さければ小さいほど,仮説を棄却する度合いが大きくなるというのである.

　科学哲学者のソーバーは,フィッシャーの 2 つの考え方の違いについて具体例を用いて説明する.あるコインが公平であるという帰無仮説について有意水準 0.05 で両側検定をおこなうとしよう.そして,そのコインを 20 回投げると,表が 4 回出たという結果が得られた.このデータをもとに p 値を計算すると,約 0.012 となる[21].初期のフィッシャーの考え方によると,この p 値は有意水準 0.05 より小さいので,帰無仮説は棄却される.もしコインを 20 回投げて表が 6 回出たという別の結果が得られたとすると,p 値は約 0.115 となる[22].この場合,帰無仮説は棄却されない.一方,晩年のフィッシャーの考え方によると,p 値が小さければ小さいほど,帰無仮説を棄却する証拠の強さが大きくなる.よって,表が 4 回出たという結果は帰無仮説を棄却する証拠として強いが,表が 6 回出たという結果は証拠としては弱いと解釈される [ソーバー 2012, pp. 83–84].

　このように,フィッシャーの p 値の考え方は 2 種類ある.しかし,晩年の考え方は現在の帰無仮説有意性検定には導入されなかった.なぜなら,**サンプルサイズが増えると,帰無仮説を棄却しやすくなる**ことが,ベイズ主義者のデニス・リンドレーによって示されたからである [Lindley 1957].ここでは,ベイズ主義者のコリン・ハウスンとピーター・アーバック [Howson and Urbach 2006, pp. 154–156] による例を用いてリンドレーの批判を解説する.花卉業者が赤色と黄色のチューリップの球根の出荷票を紛失し,出荷す

21) p 値 =
$\sum_{i=0\sim4,16\sim20}$
${}_{20}C_i\,(0.5)^i\,(0.5)^{20-i}$
$\fallingdotseq 0.012$

22) p 値 =
$\sum_{i=0\sim6,14\sim20}$
${}_{20}C_i\,(0.5)^i\,(0.5)^{20-i}$
$\fallingdotseq 0.115$

サンプルサイズ	棄却されない赤色の上限率
10	0.70
20	0.60
50	0.50
100	0.480
1,000	0.426
10,000	0.4080
100,000	0.4026

図 4.7 サンプルサイズと帰無仮説が棄却されない赤色の割合の上限

る球根の赤色の割合が 40%なのか 60%なのかわからなくなった
とする．そこで，出荷する球根の赤色の割合が 40%という帰無仮
説を設定し，有意水準を 0.05 としてこの仮説について有意性検定
をおこなう．10 個の球根を調べる場合，すなわちサンプルサイズ
$n = 10$ である場合，赤色の球根が 7 個であれば p 値は約 0.054 と
なり[23]，赤色の球根が 8 個であれば p 値は約 0.012 となる[24]．有
意水準が 0.05 なので，10 個のうち赤色の球根が 7 個までであれ
ば帰無仮説は棄却されないが，赤色の球根が 8 個になると帰無仮
説は棄却される．サンプルサイズを 20, 50, . . . , 100,000 と増や
し，同様の計算によって p 値を求めるとすると，帰無仮説が棄却
されない赤色の割合の上限は図 4.7 のようになる．

　図 4.7 を見ると，サンプルサイズが 10 のとき，帰無仮説が棄却
されるためには赤い球根の割合が 0.7 よりも多くなる必要があっ
た．サンプルサイズが 20 のときは，その上限の割合が 0.6 に下が
る．つまり，20 個のうち赤い球根が 12 個以下であれば帰無仮説
は棄却しないが，13 個以上で棄却される．サンプルサイズが 50,
100 と増えていくと，帰無仮説の棄却されない赤色の割合の上限
がさらに下がっていく．すなわち，**サンプルサイズが増えると，帰
無仮説を棄却しやすくなる**のである．

　このようにサンプルサイズによって帰無仮説の棄却されやすさ
が変わってしまうので，晩年のフィッシャーのように p 値を証拠
の強さとして解釈することはできない．それゆえ，今日の帰無仮
説有意性検定では，p 値の数値の大きさに意味をもたせることは
禁じられている [Wasserstein and Lazar 2016]．

[23] p 値 $=$
$\sum_{i=7 \sim 10}$
${}_{10}C_i \, (0.4)^i \, (0.6)^{10-i}$
$\fallingdotseq 0.054$

[24] p 値 $=$
$\sum_{i=8 \sim 10}$
${}_{10}C_i \, (0.4)^i \, (0.6)^{10-i}$
$\fallingdotseq 0.012$

4.3 ネイマン-ピアソン流の仮説検定

1926年に，カール・ピアソンの息子エゴン・ピアソンがイェジ・ネイマンに検定理論に関する覚書を送ったことから，2人の共同研究が始まった．ネイマンとピアソンの最初の共著論文は1928年に出版され，1938年までのあいだに10本の論文を発表した．彼らはフィッシャー流の有意性検定に変更を加え，**仮説検定**という別の検定理論を構築した．

仮説検定：test of statistical hypotheses

図 4.8 イェジ・ネイマンとエゴン・ピアソン

エゴンはネイマンとの共同研究を始める前の状況を次のように回顧する．「1925年から26年までのあいだ，私は途方に暮れていたが，数理統計学者として研究者の道を進むのなら，カール・ピアソンの大標本の伝統から受けたものとフィッシャーの新しい発想を組み合わせた，いわゆる統計哲学を自分自身で作り出さなければならないことを悟っていた」[Pearson, E. 1990, p. 77].

エゴンが当時問題としていたのは，同じ母集団から抽出された2つの標本の検定の方法と，さまざまな検定のなかで最も厳格な検定は何かを明らかにすることであった．そして，エゴンはこの問題についてゴセットと手紙でやり取りするなかで，次のような考えに至る．

多くの新しいアイデアを結実させ始めなければならない．次のこ

とを特定すれば，問題に数学的に参入できるかもしれない．すな
わち，形式的な取扱いで「許容的 (admissible)」として採択すべ
き対立仮説の集まり，後で区別する「単純」仮説と「複合」仮説
の違い，標本空間における「棄却域」，「2 種類の過誤の源」であ
る．これらは 1926 年の秋のうちに 2 人で議論しなければならな
い点だ [Pearson, E. 1966, p. 8].

ピアソンはネイマンとの共同研究を始める前の時点で，**対立仮説**，
採択，**2 種類の過誤**に言及しており，のちに結実する仮説検定の
青写真がすでにできていた．

エゴンは，ネイマンの数学の才能が自分の問題解決には役立つ
と考えた．また，父カールがイギリスで支配的であった当時，東
欧出身のネイマンにとってカールの権勢はほとんど関係なかった．
よって，エゴンにとって，カールの考え方から脱却して新しい方
向に進むのにネイマンは適任だった [Lehman 2011, p. 7].

1928 年の最初の共著論文の「導入」の末尾で，ネイマンとエゴ
ンは次のように述べている．「実際，少し考えればわかることだ
が，特定の標本が［母集団］Σ から抽出されたことがごくまれに
しか起こらないと期待される事実それだけでは，標本がその母集
団から抽出されたという仮説以外に確からしい仮説を何も考慮し
ないのであれば，その仮説を棄却することは正当化されないだろ
う」[Neyman and Pearson 1928a, p. 178]．ネイマンとピアソンは，
フィッシャー流の有意性検定では仮説の棄却を正当化できないと
考え，自分たちの検定理論の開発に着手した．本節では，ネイマ
ンとピアソンが開発した「仮説検定」と呼ばれる理論を見ること
にしよう．

4.3.1 仮説の採択も認める

ネイマンとピアソンは最初の共著論文のなかで，仮説検定の目
的を次のように述べる．「一般的に，手続きの方法はある検定や
基準をあてはめることである．その結果によって，調査者は仮説
A を採択 (accept) するか棄却するかを信頼の度合いの大小をもっ
て意思決定 (decide) することを可能にするか，あるいはよくある
ことだが，意思決定に至るまでに追加のデータが必要であること
が示される」[Neyman and Pearson 1928a, p. 175]．このように，

仮説検定では仮説の棄却だけでなく，**採択**という行為も認める．これは4.2節で解説したフィッシャー流の有意性検定とは異なる．また，意思決定に至るまでに**追加のデータが必要である**というさらなる行為の選択肢も提示している．この第三の選択肢については，4.3.2項で論じる．

　1933年の論文では，仮説検定の目的がさらに詳しく述べられている．

> それぞれの仮説の真偽を知りたいとは思わなくても，その仮説に関して私たちの行動を支配する規則を探すことはでき，その規則に従うと，長期の実験で間違いが少ないことが保証される．たとえば，次のような「行動規則」があるだろう．ある与えられたタイプの仮説 H が棄却されるか否かを意思決定するのに，観察された事実についてのある特定の性質 x を計算する．つまり，$x > x_0$ のときに H を棄却し，$x \leq x_0$ のときに H を採択する．こうした規則は，ある特定の事例において，$x \leq x_0$ のときに H が真であるか，$x > x_0$ のときに H が偽であるかについては何も示さない．しかし，このような規則に従って行動するなら，長期の試行において H が真であるときに H を棄却するのが100回中1回以下であることがたびたび証明される．加えて，H が偽であるとき，H を棄却するのが十分に多いことも証明される [Neyman and Pearson 1933a, p. 291].

ネイマンとピアソンは，仮説の採択を認める．これは仮説検定にとって不可欠な要素であり，フィッシャー流の有意性検定にはない判断の選択肢である．また，ネイマンとピアソンは仮説検定を行動の規則や長期試行における**意思決定**と表現した．行動の規則はネイマン–ピアソン流の仮説検定の中核を担う．これについては後で述べる．

4.3.2　保留という第三の選択肢

　意思決定における行為の選択肢としてあまり言及されないが，とても重要なものがある．ネイマンとピアソンは棄却か採択かの2択のみを設定したわけではない．彼らはもう1つ，**保留**という選択肢を設けていた．4.3.1項の最初の引用で，彼らは仮説の棄却と採択の他に，「意思決定に至るまでに追加のデータが必要である」

という第三の選択肢を提示していた。まだデータが不足しているので、決断を下すまでに至らないということである。

ネイマンとピアソンは仮説検定における意思決定の行為の選択肢を次のようにもまとめている。

統計的検定は次のタイプの規則と同じである。

(a) 標本 Σ がある領域 w に入るならば、H_0 を棄却せよ。
(b) Σ が別の領域 w' に入るならば、H_0 を採択せよ。
(c) Σ が第三の領域 w'' に入るならば、疑い続けよ。

以下では、(a) **棄却域** w と (b) **採択域** $\bar{w} = w' + w'' = W - w$ という分割を1つだけにした問題のみを検討する。疑うという領域は採択域をさらに分割すれば得られるかもしれないが、何より重要なのは、分割を1つだけにして2つの領域に分けた帰結を検討することである [Neyman and Pearson 1933b, p. 493, 強調は原著者]。

ネイマンとピアソンは、仮説の棄却と採択だけでなく、「疑い続けよ」という保留という行為も用意していた。ただし、疑い続けるという領域は採択域に含まれる可能性を示唆している。

意思決定における行為の選択肢を網羅するには、保留という第3の選択肢がなければならない。なぜなら、棄却と採択以外に、棄却も採択もしないという選択肢の余地があるからである。ネイマンたちはそれを理解したうえで、「疑い続けよ」という第3の選択肢を明示したのである。それゆえ、ネイマン–ピアソン流の仮説検定ではすべての行為の可能性が網羅されている。また、フィッシャー流の有意性検定でも選択肢は網羅されている。なぜなら、仮説についての判断の可能性を網羅するには、棄却するか、あるいは棄却しないかという2つの選択肢で十分だからである。

一方、棄却と採択の2択だけでは、棄却も採択もしないという保留の選択肢が考慮されていないので、行為の選択肢が網羅されていない。棄却と採択の2択だけで判断を迫るのは正当な意思決定とはいえない。というのも、好きでも嫌いでもないものについて、好きか嫌いかどちらか一方を判断しろと迫っているようなものだからである。ある仮説を棄却しないことはその仮説を採択す

126 │ 4 帰無仮説有意性検定を使うときに抱くモヤモヤ感：有意性検定と仮説検定

ることではないし，ある仮説を採択しないことはその仮説を棄却することでもない．これについては，4.3.5 項で詳しく論じる．

4.3.3 対立仮説の導入

ネイマンとピアソンは，仮説の採択という行為の選択肢を導入しただけでなく，**対立仮説**という概念も検定の理論に導入した．ネイマンとピアソンは，1 つの仮説のみを扱う理論について説明した後で，次のように述べる．

> 母集団 Π からの抽出において標本 Σ_1 が標本 Σ_2 よりも頻繁に得られるとして，実際に Σ_2 ではなく Σ_1 が抽出されたならば，[母集団は Π であるという] 仮説 A についてのより強い信頼が正当化されるだろう．しかし，ある条件のもとではそうならないことがわかる．というのも，1 回目の事象では 2 回目の事象と比べて，対立仮説のほうが仮説 A よりも相対的にはるかに確からしい場合があるからである．実際，少し考えればわかることだが，Π からの抽出においてある特定の標本がごくまれにしか得られないことが期待されるという事実だけでは，それよりも確からしい仮説が他に考えられない限り，その標本が抽出されたという仮説を棄却することは正当化されないだろう [Neyman and Pearson 1928a, p. 178].

ネイマンとピアソンによれば，1 つの仮説のみを検討するのでは，その仮説に有利なデータが得られたとしても，その仮説の信頼性は正当化されない．なぜなら，そのデータを説明できるさらに他の確からしい**対立仮説**があるかもしれないからである．また，仮説に不利なデータが得られたとしても，そのデータに合う確からしい仮説が他にあることを示さなければ，その仮説を棄却することは正当化できない．ネイマンとピアソンは 1 つの仮説しか検討しないことの問題点を指摘し，そのうえで，対立仮説という他の仮説を考慮すべきだと主張する．

そして，ネイマンとピアソンはこの最初の論文で，次のような対立仮説を導入する．「ある標本が与えられ，その標本が抽出された母集団に関する 2 つの仮説があるとしよう．母集団 Π に対応する仮説 A とされるある密度領域があり，母集団 Π' に対応する仮説 A′ とされる別の密度領域がある」[Neyman and Pearson 1928a, p.

176]. このように，異なる母集団に合わせて仮説を設定している.

また，ネイマンとピアソンは対立仮説を1つに限定していない.
実際，彼らは次のように対立仮説を複数設けている.

> ここで，3つの仮説の検定を考えてみよう.
>
> (i) 仮説 H は，母集団 π_t が同じという仮説である. すなわち,
>
> $$a_1 = a_2 = \cdots = a_k \tag{5}$$
> $$\sigma_1 = \sigma_2 = \cdots = \sigma_k \tag{6}$$
>
> (ii) 仮説 H_1 は，分散が同じだが平均 a_t は何らかの異なる値をも
>   つ母集団から標本が抽出されたという仮説である. つまり,
>   (6) が真かどうかを検定したいが，(5) については関心がない.
> (iii) 仮説 H_2 は次のものである. 母集団が正規分布であることに
>   加え，分散が同じであることを仮定する. すなわち，(6) は真
>   であるとする. すると，検定する仮説は，(5) が真かどうかで
>   ある [Neyman and Pearson 1931, p. 462].

ネイマンとピアソンはここで，検定する仮説 H の他に，仮説 H_1
と仮説 H_2 を立てており，仮説は全部で3つである. さらに，別
の論文では，「ある与えられた問題において，H_0 の対立仮説とし
て，H_1, H_2, ... を含む許容的な仮説のクラス $C(H)$ を定義する
ことができると仮定する」[Neyman and Pearson 1933b, p. 493] と
述べており，2つ以上の対立仮説を立てることを認めている. 今
日の帰無仮説有意性検定では，帰無仮説 H_0 と対立仮説 H_1 を1
つずつしか立てず，対立仮説を複数立てることはしないが，それ
はネイマン–ピアソン流の仮説検定とは異なる考え方である.

ここで，ネイマンとピアソンは「帰無仮説」という表現を用いて
いないことに注意しよう. その代わりに，「仮説 A」という表現を
用いている. 彼らは，「標本 Σ がランダムに抽出された母集団が
ある特定の Π であるという仮説を仮説 A と呼び，標本 Σ はその
母集団からランダムに抽出された」[Neyman and Pearson 1928a,
p. 175] としている. 4.2.2 項で確認したように，帰無仮説を採択す
ることはできず，できるとしても棄却だけである. フィッシャー
は，棄却する機会だけが与えられた仮説として帰無仮説を導入し

た．一方，ネイマン–ピアソン流の仮説検定では，仮説の採択を認めるので，帰無仮説という用語を使うことはできない．

また，ネイマンとピアソンは「H_0」という表記も用いる．今日の統計学の教科書では帰無仮説を表すのにこの表記が用いられるが，ネイマンとピアソンは H_0 を「検定される仮説 (the hypothesis to be tested)」[Neyman and Pearson 1933b, p. 492] と説明しており，帰無仮説として用いていない[25]．ちなみに，フィッシャーはネイマン–ピアソン流の仮説検定に言及するときを除き，H_0 という表記を用いない．有意性検定で取り扱う仮説は帰無仮説の 1 つだけなので，H_0 と表記する必要がないからであろう．

4.3.4　2 種類の過誤

フィッシャー流の有意性検定でもネイマン–ピアソン流の仮説検定でも仮説についての判断を誤ってしまうことがある．これは，第 1 章で強調したように，統計学的推論の中核が帰納だからである．演繹は前提が正しければ結論が必ず正しくなる推論であるが，帰納はそうではない．帰納を用いると，前提が正しくても結論が必ずしも正しくなるわけではない．そのため，統計学では，いくら実験計画をきちんと立て，データを正確にとったとしても，そこから引き出される結論は誤りうる．

フィッシャー流の有意性検定では，帰無仮説が本当は正しいにもかかわらず，その帰無仮説を誤って棄却してしまう可能性がある．フィッシャーはそのことを認めていた．一方，ネイマン–ピアソン流の仮説検定では対立仮説が導入されるので，誤る可能性がもう 1 種類増える．仮説検定では少なくとも**2 種類の誤り**の可能性があるようだ．次の 4.3.5 項で詳しく解説するが，この誤りの表記は正確にする必要があるので，ここではネイマンとピアソンの表記を詳しく見ることにする．

ネイマンとピアソンは 1928 年の最初の共著論文で 2 種類の過誤に言及している．以下の引用における仮説 A とは，標本 Σ が母集団 Π からランダムに抽出されたという仮説である．

抽出がランダムでなかった可能性や母集団が途中で変わった可能性は除き，標本 Σ が必ず Π か Π' のいずれかの母集団からランダムに抽出されたとしよう．ただし，Π' は，Π とごくわずかに異なっ

---

[25] 4.3.2 項の引用における規則 (b) では，「H_0 を採択せよ」とあるが，ネイマンとピアソンはこの H_0 を決して帰無仮説とはいわない．もし H_0 を帰無仮説とすると，4.2.2 項で述べたように，帰無仮説を採択するという矛盾を含むような表現になってしまう．

ていたりかなり異なっていたりする無限の可能性のうちの 1 つである．問題の本質は，これらの対立する仮説を正確に区別する基準を見つけられず，どんな方法を用いようとも次の 2 つの源をもつ過誤が必ず生じるということである．

(1) 標本 Σ が本当は母集団 Π から抽出されたのに，仮説 A を棄却する場合がある．
(2) 標本 Σ が実際には［別の母集団］Π' から抽出されたのに，仮説 A を採択する場合はさらに多い [Neyman and Pearson 1928a, p. 177].

ネイマンとピアソンによると，このように仮説を棄却するか採択するかを判断するときには 2 種類の誤りが生じうる．仮説 A が正しいにもかかわらず，その仮説 A を棄却してしまう誤りと，別の仮説 A′ が正しいのに仮説 A を採択する誤りである．

また，ネイマンとピアソンは 4.3.2 項で引用した 1933 年の論文で，2 種類の過誤を次のように定める．ここでの (a) は「標本がある領域 w に入るならば，H_0 を棄却せよ」，(b) は「標本が別の領域 w' に入るならば，H_0 を採択せよ」という行為を指す．

(a) か (b) の意思決定をするときに，過誤を犯すことがある．というのも，問題が真と偽の仮説を確実に区別できるような仕方で提示されることはめったにないからである．これらの過誤には次の 2 種類がある．

(I) H_0 が真のときに，H_0 を棄却する．
(II) H_i が真のときに，H_0 を採択する [Neymann and Pearson 1933b, p. 493].

ネイマンとピアソンは，1928 年の最初の論文では，仮説 A として表現していたが，1933 年の論文では，検定される仮説 H_0 と対立仮説 H_i という表現に変えている．対立仮説の H_i に添え字 i がついているので，ここでは複数の対立仮説が想定されている．過誤 (I) の表記は今日の統計学の教科書にも見られるが，複数の対立仮説を想定する過誤 (II) の表記はあまり見ないだろう[26]．

ネイマンは 1950 年に『確率論・統計学入門』という教科書を出版する．そのなかで，**第 I 種の過誤** (the error of the first kind)

[26] 過誤について (I) と (II) という表記を用いるが，今日のように「第 I 種の過誤」と「第 II 種の過誤」という呼び名は付けられていない．ネイマンとピアソンの 1938 年までの共著論文ではそうした呼び名は用いられていない．

130 │ 4 帰無仮説有意性検定を使うときに抱くモヤモヤ感：有意性検定と仮説検定

と第**Ⅱ**種の過誤 (the error of the second kind) という表現を用い
る．そして，その2種類の過誤の分け方についても説明している．

> 2種類の過誤をこのように分類する慣例は，**検定される仮説** (hy-
> pothesis tested) という用語の使用に関する似たような慣例によっ
> て補完される．H をある統計仮説，$\bar{H}$ をその否定とすることに
> しよう．**検定される仮説が真であるときにその仮説を棄却するこ
> とを第Ⅰ種の過誤となるように，検定される仮説という用語を H
> か $\bar{H}$ のどちらかに結び付ける**．通常は，検定される仮説を H と
> 分類するように，H と $\bar{H}$ の分類を調整する [Neyman 1950, pp.
> 263–264, 強調は原著者].

ネイマンは検定される仮説を H とし，その否定を $\bar{H}$ とする．そ
して，検定される仮説 H が真であるときにその仮説を棄却するこ
とを第Ⅰ種の過誤と呼んだ．これは，上の過誤 (Ⅰ) に対応する．第
Ⅱ種の過誤については，この箇所で明示していないが，上の過誤
(Ⅱ) の表現に合わせると，仮説 $\bar{H}$ が真であるときに，H を採択
することになる．

　実際，ネイマンは上の引用の少し前に，図4.9を載せている．こ
れと似たものは今日の統計学の教科書にも載っているので，読者
は見たことがあるだろう．

True Hypotheses	H	$\bar{H}$
Action taken	Description of Situation	
A : accept H	satisfactory	error
B : reject H	error	satisfactory

図 **4.9** 2種類の過誤 [Neyman 1950, p. 261].

　まず，真の仮説が H か $\bar{H}$ のいずれかの場合に分けている．そ
して，行為としては，H を採択する行為 A と，H を棄却する行
為 B の2つを挙げている．すると，状況としては，「H が真であ
るときに，H を採択する」，「H が真であるときに，H を棄却す

る」,「$\bar{H}$ が真であるときに,H を採択する」,「$\bar{H}$ が真であるときに,H を棄却する」の 4 種類ある.そして,図 4.9 の左上と右下の「H が真であるときに,H を採択する」ことと「$\bar{H}$ が真であるときに,H を棄却する」ことは行為がうまくいく状況であり,左下と右上の「H が真であるときに,H を棄却する」ことと「$\bar{H}$ が真であるときに,H を採択する」ことは過誤を犯している状況である.この 2 種類の過誤がそれぞれ第 I 種の過誤と第 II 種の過誤に対応する.

確かに,「H が真であるときに,H を採択する」ことと「$\bar{H}$ が真であるときに,H を棄却する」ことはうまくいっている.また,「H が真であるときに,H を棄却する」ことと「$\bar{H}$ が真であるときに,H を採択する」ことは誤りである.細かいことだが,2 種類の過誤を「帰無仮説が真であるときに,対立仮説を棄却しない」や「帰無仮説が偽であるときに,対立仮説を採択しない」と表記してはいけない.というのも,それらは誤りではないからだ.このことについては次項で解説する.

▍4.3.5 　帰無仮説の棄却は対立仮説の採択と同じだろうか

帰無仮説を棄却することと,帰無仮説を採択しないことは同じだろうか.また,帰無仮説を棄却することと,対立仮説を採択することは同じだろうか.さらに,帰無仮説が偽であることと,対立仮説が真であることは同じだろうか.頭を悩ませる質問かもしれないが,こうした細かい違いをきちんと押さえておくことが 2 種類の過誤の正しい理解につながる.ここでは,2 種類の過誤を言語の観点から検討する[27].

ネイマンによると,2 種類の過誤は次のように表現される.

> 第 I 種の過誤:H が真であるときに,H を棄却する.
> 第 II 種の過誤:$\bar{H}$ が真であるときに,H を採択する.

確かにこの表現であればどちらも誤りとなる.ネイマン–ピアソン流の仮説検定では,2 種類の過誤は確かに誤りである.

ここで,ネイマン–ピアソン流の仮説検定から離れて少し寄り道し,今日の統計学の教科書の表現に目を向けることにする.そのため,帰無仮説と対立仮説を併記したり,帰無仮説を採択すると

[27] 2 種類の過誤を言語の観点から分析した研究に Andrews and Huss (2014) がある.本項の第 II 種の過誤の分析は,彼女たちの成果をもとに私が展開した.

いった奇妙な表現を用いたりするが，こうした表現を推奨するつもりはない．ネイマンによる2種類の過誤を今日の教科書の表現に書き換えると，次のように表現できる．

第I種の過誤：帰無仮説 H_0 が真であるときに，H_0 を棄却する．

第II種の過誤：対立仮説 H_1 が真であるときに，H_0 を採択する．

この表現であれば，どちらも誤った判断となる[28]．しかし，教科書で過誤として紹介されるもののなかには，本当は過誤でないものが紛れ込んでいることがある．

　代表的な統計学の教科書をいくつか見てみよう．たとえば，P. G. ホーエルの『入門数理統計学』では，2種類の過誤が上の表現で解説されている [ホーエル 1978, p. 108]．しかし，同じ著者ホーエルの別の教科書『初等統計学』では，次のように表現されている [ホーエル 1981, p. 159]．

第I種の過誤：H_0 が真であるときに，**H_1 を採択する**．

第II種の過誤：H_1 が真であるときに，H_0 を採択する．

第II種の過誤の表現は同じである．一方，第I種の過誤は『入門数理統計学』では「H_0 を棄却する」になっているところを，『初等統計学』では「H_1 を採択する」と表現している．

　また，G. K. バタチャリヤと R. A. ジョンソンの『初等統計学1』では，次のように表現されている [バタチャリヤとジョンソン 1980, p. 150]．

第I種の過誤：H_0 が真のとき，H_0 を棄却する．

第II種の過誤：H_1 が真のとき，**H_0 を棄却しない**．

第I種の過誤がネイマン風の表現になっているが，第II種の過誤は「H_0 を採択する」ではなく「H_0 を棄却しない」と表されている．さらに，同著の同じページに第II種の過誤を別の仕方で表現している [バタチャリヤとジョンソン 1980, p. 150]．

第II種の過誤：**H_0 が偽**であるときに，H_0 を棄却しない．

[28] ただし，この第II種の過誤の表記における H_0 を帰無仮説と捉えると，帰無仮説を採択することになり，4.2.2 項で述べたように帰無仮説の本来の用法から逸れてしまうことには注意が必要である．

今度は「H_1 が真のとき」ではなく,「H_0 が偽のとき」と表されている. 同じ著者でも表現が揺らいでおり,こうした揺らぎは枚挙にいとまがない. こうした表現の違いは些末なことではない. 上述したように,表現の仕方によっては過誤にならないものもあるからだ.

まずは,第 I 種の過誤から検討しよう. 第 I 種の過誤は,「帰無仮説 H_0 が真である」ときに犯す誤りである. その場合,誤りになりそうな判断の候補として,次の 4 つが挙げられる. そして,教科書によっては,このどれかを第 I 種の過誤として表現したりする.

(I-1) H_0 を棄却する.

(I-2) H_0 を採択しない.

(I-3) H_1 を棄却しない.

(I-4) H_1 を採択する.

(I-1) は第 I 種の過誤の表記であり,この判断は誤りである. 正しい H_0 を棄却してしまうのは誤った判断である. 本当は容疑者 X が犯人であるにもかかわらず,その仮説を捨てて容疑を晴らしてしまうのは誤った判断である. ここまではよい.

では,(I-2) の判断も誤りだろうか. じつのところ,(I-2) の判断は誤りではない. 正しい H_0 を採択しないことは誤っているわけではない. 本当は容疑者 X が犯人なのだが,証拠がそろってないため,容疑者 X を犯人だと断定しないことは誤った判断ではない. ここで,4.3.2 項で説明した「疑い続ける」という選択肢の存在が効いてくる. 採択しないことは棄却することとは異なる. 採択も棄却もしないで保留することは可能である.

さらに,(I-3) はどうだろうか. この判断も誤りではない. H_0 が正しいことを知らずに,H_1 を棄却しないでいても,誤った判断ではない. 容疑者 X が犯人であることを知らず,別の容疑者 Y が犯人である可能性が捨てきれないなら,容疑者 Y が犯人である余地を残すことは誤った判断ではない. (I-3) の判断が誤りでないのは,(I-2) の判断が誤りでないのと同様の理由である. つまり,棄却も採択もしない保留という行為の選択肢が存在し,この状況で保留をすることは誤った判断でないからである.

最後に，(I-4) の判断は誤っているのだろうか．これは誤りである．H_0 が正しいのに，別の H_1 を採択するのは誤りである．容疑者 X が有罪であるにもかかわらず，別の容疑者 Y を有罪だと断定するのは誤った判断である[29]．ネイマンとピアソンのいう第 I 種の過誤ではないが，この判断自体は誤りである．上述したホーエルの『初等統計学』の表記はこの (I-4) にあたる．

このように第 I 種の過誤の表記には注意が必要である．ネイマンとピアソンは慎重に表現方法を選んだ．とくに，棄却も採択もしない保留という行為の選択肢を考慮に入れる必要がある．そうすれば，仮説を棄却しないことは仮説を採択することではなく，仮説を採択しないことは仮説を棄却することでない点が理解できるだろう．

次に，第 II 種の過誤を検討しよう．第 II 種の過誤は，「対立仮説 H_1 が真である」ときに犯す誤りである．この設定において，誤りになりそうな判断の候補は次の 4 つである．

(II-1) H_0 を棄却しない．
(II-2) H_0 を採択する．
(II-3) H_1 を棄却する．
(II-4) H_1 を採択しない．

この 4 つの判断のどれが誤りであり，どれが誤りではないのだろうか．誤った判断は (II-2) と (II-3) で，誤りでないのは (II-1) と (II-4) である．理由は第 I 種の過誤と同様である．そして，ネイマンとピアソン流の仮説検定の第 II 種の過誤の表現に近いのは，(II-2) である．

じつは，第 II 種の過誤にはもう 1 つ注意しなければならない点がある．ネイマンとピアソンは，第 II 種の過誤として「H_1 が真である」という状況を設定していた．この設定であれば問題はないのだが，今日の教科書では「H_0 が偽である」状況を設定しているものがある．上で確認した，バタチャリヤとジョンソンの『初等統計学 1』の表記はその設定になっている．H_0 が偽であると設定すると，状況が複雑になる．今日の教科書では，対立仮説は 1 つだけしか設定しないのが一般的である．つまり，帰無仮説 H_0 と対立仮説 H_1 を 1 つずつしか設定しない．しかし，4.4.3 項で述べ

[29] ここでは，仮説 H_0 と仮説 H_1 がともに正しいことはないので，容疑者 X と容疑者 Y がともに犯人であるという可能性は除外している．

ように，ネイマンとピアソンは，対立仮説を複数設定すること
を許容していた．対立仮説を「$H_1, H_2, \ldots$」と表現したり，「H_i」
と表現したりしていたことを思い出そう．対立仮説が H_1 以外に
も複数存在するのであれば，H_0 を否定した仮説が H_1 以外にも存
在する可能性がある．

　ここで，**単純仮説**と**複合仮説**を区別しておこう．単純仮説とは，
1 つの結果について 1 つの確率値，ないし 1 つの確率分布が与え
られた仮説のことである．たとえば，「コインを投げて表の出る確
率が $p = 0.5$ である」という仮説は単純仮説である．一方，複合
仮説は 1 つの結果について 2 つ以上の値，ないし 2 つ以上の確率
分布が与えられた仮説である．たとえば，$p > 0.5$ や $p \neq 0.5$ は
複合仮説である．もし H_0 が $p = 0.5$ という単純仮説で，H_1 が
$p \neq 0.5$ という複合仮説であれば，この 2 つの仮説で仮説の可能
性が網羅されるため，一方の仮説が真であれば他方の仮説は必ず
偽となり，逆も成り立つ．つまり，H_0 が偽であれば H_1 は必ず真
であり，逆に H_0 が真であれば H_1 は必ず偽である．

　ところが，もし H_0 が $p = 0.5$ という単純仮説で，H_1 も $p = 0.8$
という単純仮説であれば，H_0 と H_1 だけでは仮説の可能性は網羅
されない．$p = 0.7$ という仮説 H_2 や $p < 0.3$ という仮説 H_3 な
ど，他の仮説が無限に考えられる．それゆえ，H_0 が偽であるとし
ても，H_1 が真でない可能性がある．H_2 などの別の対立仮説が真
で，H_1 が偽であるかもしれないからである．このように，「H_0 が
偽である」という状況を設定する場合，H_1 が真でない可能性があ
るので要注意である．しかも，実際に第 I 種の過誤において「H_0
が真である」という状況を設定するのに対して，第 II 種の過誤では
「H_0 が偽である」という状況を設定する教科書は存在する．上述
のバタチャリヤとジョンソンの『初等統計学 1』はそうであった．

　では，「帰無仮説 H_0 が偽である」ときに，次の 4 つの表記はど
れが誤りであり，どれが誤りではないのだろうか．

（II-1）H_0 を棄却しない．
（II-2）H_0 を採択する．
（II-3）H_1 を棄却する．
（II-4）H_1 を採択しない．

（II-1）と（II-2）の表現には H_1 が登場しないので，「H_1 が真であ

単純仮説：simple hypothesis
複合仮説：composite hypothesis

136 | 4 帰無仮説有意性検定を使うときに抱くモヤモヤ感：有意性検定と仮説検定

る」と設定した上の状況と変わらない．つまり，(II-1) の判断は
誤りでなく，(II-2) の判断は誤りである[30]．検討しなければなら
ないのは，H_1 を用いて表される (II-3) と (II-4) である．(II-4)
の判断は上で述べたように，誤りではない．そうすると，問題は
(II-3) である．

　鍵となるのは，H_0 と H_1 の 2 つだけで仮説の可能性が網羅さ
れるかどうかである．H_1 が H_0 を否定した仮説，たとえば H_0 が
$p = 0.5$ のときに，H_1 はそれを否定した $p \neq 0.5$ という複合仮説
になっていれば，(II-3) の判断は誤りとなる．ところが，H_1 がた
とえば $p = 0.8$ というような単純仮説である場合や，複合仮説で
も $p < 0.3$ のように H_0 と H_1 で仮説の可能性が網羅されない場
合は，(II-3) の判断は誤りとは限らない．なぜなら，H_0 が偽であ
るとしても，H_1 も偽であって，じつは別の対立仮説が真である
可能性があるからである．その場合，本当は H_1 が偽であるので，
その H_1 を棄却する判断は誤りではない．H_0 が偽であることと，
H_1 が真であることは同じでないのである．

　ネイマンとピアソンはこれらのことを踏まえたうえで，2 種類
の過誤を設定したのであろう．彼らは複数の対立仮説を立てるこ
とを認めていたので，H_0 が偽であることと，H_1 が真であること
が同じでないことは理解していたはずである．実際，H_0 が真であ
るか，あるいは H_i が偽であるかという設定をしたり，H が真で
あるか，あるいは $\bar{H}$ が偽であるかという設定をしたりしている．
この 2 つの設定はいずれも，仮説の可能性を網羅しているので，
問題は生じない．

4.3.6　なぜ第 I 種の過誤は第 II 種の過誤よりも重大なのか

　さて，寄り道はここまでにして，ネイマン–ピアソン流の仮説検
定に話を戻そう．ネイマン–ピアソン流の仮説検定では，対立仮説
が導入されたことにより，仮説への判断の過誤が 2 種類になった．
では，この 2 種類の過誤の優劣はどうつければよいだろうか．統
計学の教科書では，第 I 種の過誤を第 II 種の過誤よりも優先的に
回避すべきと説明されるが，それはなぜだろうか．
　2 種類の過誤の優劣について，ネイマンは次のように説明する．

　　2 種類の過誤の重大さが同じでない状況はごく一般的に生じる．多

[30] ネイマンとピア
ソンは，この (II-2)
に対応する「H_0 が偽
であるときに，H_0 を
採択する」[Neyman
and Pearson 1933a,
p. 295] という表記で
第 II 種の過誤を表すこ
ともある．(II-2) は
誤りなので，この表記
でも問題はない．

くの場合，過誤の相対的な重大さは主観的なものである．ある人が行為 a_1 をする際の過誤を優先的に避けるのが重要だと考えるのに対し，別の人が行為 a_2 をする際の過誤を避けるのがより重要だと考える状況があるだろう．ところが，この主観的要素は統計学の外にある．注意すべき点は，ほとんどの場合，統計的仮説検定を用いる人は，一方の過誤よりも他方の過誤を避けるのが重要だと考えていることである．

　これが普通だと仮定すると，避けることがより重要だと考える仮説検定の過誤に**第Ⅰ種の過誤**という表現を用いよう．それよりも重大でない過誤を**第Ⅱ種の過誤**と呼ぼう．2 種類の過誤がまったく同じ重大さであるようなまれな事例では，2 つのうちのどちらを第Ⅰ種の過誤と呼び，どちらを第Ⅱ種の過誤と呼ぶかは些末なことである [Neyman 1950, p. 263, 強調は原著者].

2 種類の過誤の**重大さ**は異なり，より重大な過誤を第Ⅰ種の過誤，それよりも重大でない過誤を第Ⅱ種の過誤と名付けた．その重要性を決めるものは，統計学の内部にはなく，統計学の**外部**にある主観的な要因である．

　では，その主観的な要因とは何だろうか．ネイマンは，市場で販売するある新薬が有毒かどうかを検定する事例を挙げる．この事例において棄却したい仮説は新薬が有毒であることであるので，これが帰無仮説となる．すると，第Ⅰ種の過誤は，その新薬が本当は有毒であるにもかかわらず有毒でないと判断して市場で販売することであり，第Ⅱ種の過誤は，その新薬が無毒のときに有毒だと判断して市場で販売しないことである．ネイマンによると，新薬が本当は有毒であるにもかかわらず無毒だと判断した場合，市場に出荷する前の動物実験で多くの動物たちが死んでしまう．また，もし有毒な薬品が市場に出回ってしまうと人々に危険がおよび，経済的な損失も大きい．一方，逆の場合，すなわち無毒であるにもかかわらず有毒だと判断した場合，そういうことは生じない．有毒な薬だと警戒したけれども，結局その薬は無毒なので，危険もなく経済的損失も大きくない [Neyman 1950, pp. 262–263]．つまり，どちらの過誤を第Ⅰ種として優先的に回避するかの判断は**経済的損失**や**危険性**に関わるのである．

　また，ネイマンとピアソンは 1933 年の論文のなかで，2 種類の

過誤の重大さの違いを裁判の判決になぞらえて説明する.「第 I 種の過誤を第 II 種の過誤よりも回避するのが重要である状況があるだろう.（中略）裁判において，無罪の人に有罪の判決を下すのと，有罪の人に無罪の判決を下すのはどちらがより深刻だろうか. それは誤ったことの帰結に依存するだろう. 刑が死刑か罰金かにもよるし，保釈された犯罪者が地域社会に与える影響にもよるし，罰についての昨今の倫理観にもよる」[Neyman and Pearson 1933a, p. 295]. 第 I 種の過誤を優先的に回避する理由は，危険性だけでなく**倫理観**にまで及ぶ. これは統計学の外の要因である.

ちなみに，上の引用の最後にあるように，ネイマンは 2 種類の過誤の重大さが同等であることは，まれではあるが認めていた. ネイマンはその事例として，サイコロ投げにおいて 6 の目の出る確率が $p = 0.6$ のときに 2 回連続 6 の目が出ない仮説と，6 の目の出る確率が $p = 0.4$ のときに 2 回連続 6 の目が出る仮説について検定をおこなうような場合を挙げている [Neyman 1950, p. 262].

4.3.7 ネイマン–ピアソンの補題

ネイマン–ピアソン流の仮説検定では，判断を誤る可能性が 2 種類存在する. そして，第 I 種の過誤のほうが第 II 種の過誤よりも重大であるので，優先して回避すべきとされた. そこでネイマンとピアソンは，第 I 種の過誤を犯す可能性を極力小さくして，そのうえで第 II 種の過誤も小さくする手法を思案した. その成果は 1933 年の「統計的仮説の最も有効な検定の問題について」で発表され，**ネイマン–ピアソンの補題**と呼ばれる. この成果は検定理論に関するネイマンとピアソンの最大の貢献である. ここでは，ネイマン–ピアソンの補題を見てみよう.

ネイマン–ピアソンの補題：Neyman-Pearson lemma

検定される仮説を H_0 とし，対立仮説を H_1 の 1 つだけ立てる. H_0 と H_1 はいずれも単純仮説であるとする. 第 I 種の過誤を優先的に避けたいので，その過誤の確率を十分に小さくする. ここで，4.2.4 項でフィッシャーの導入した「有意水準」を思い出そう. 有意水準は H_0 を棄却するかどうかを決める値であり，小さな正の実数 α で表す[31]. 第 I 種の過誤は H_0 が真であるときに H_0 を棄却する誤りなので，第 I 種の過誤を犯す確率は有意水準の α であり，図 4.10 の H_0 の右部の斜線の部分にあたる. 一方，第 II 種の過誤は H_1 が真であるときに H_0 を採択する誤りであった. 第

31) ネイマンとピアソンは，1933 年の論文ではこの確率を「ε」と表していたが，1936 年の論文から「α」と表記するようになった.

II 種の過誤を犯す確率は図 4.10 の H_1 の左部の横線の部分にあたり，β で表す．すると，図 4.10 の H_1 の右部の確率は $1-\beta$ となり，これを**検出力**[32]という．

検出力：power

[32]「検定力」と訳されたりもする．

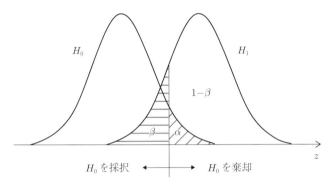

図 4.10　有意水準と検出力
2 つの分布曲線はそれぞれ H_0 と H_1 のもとでの統計量 z の確率密度を表す．分布曲線は正規分布で表したが，正規分布でなくてもよい．

望ましいのは，第 I 種の過誤の確率 α と第 II 種の過誤の確率 β の両方を同時にできるだけ小さくすることである．しかし，残念ながらこの 2 つの値を同時に小さくすることはできない．図 4.11(a) のように，第 I 種の過誤を犯す確率 α を小さくすればするほど，第 II 種の過誤を犯す確率 β が大きくなる．一方，図 4.11(b) のように，β を小さくすればするほど，α が大きくなってしまう．第 I 種の過誤と第 II 種の過誤はトレード・オフの関係にある．そこでネイマンとピアソンは，まず優先的に回避すべき第 I 種の過誤を犯す確率 α を十分小さくなるように制御して，そのうえで第 II 種の過誤を犯す確率 β が最も小さくなるように，すなわち検出力 $1-\beta$ が最も大きくなるように棄却域を設定する方法が存在することを証明した．これがネイマン–ピアソンの補題である．また，このように有意水準 α の検定のなかで，対立仮説の検出力 $1-\beta$ が最大になる検定のことを**最強力検定**という．

では，ネイマン–ピアソンの補題を見てみよう．観測値を $\boldsymbol{x} = (x_1, x_2, \ldots, x_n)$ で表すと，H_0 と H_1 の尤度[33]はそれぞれ $L(\boldsymbol{x}|H_0) = \prod_{i=1}^{n} p(x_i|H_0)$ と $L(\boldsymbol{x}|H_1) = \prod_{i=1}^{n} p(x_i|H_1)$ となる．H_0 の棄却域 w_0 は，尤度の比 $\frac{L(\boldsymbol{x}|H_1)}{L(\boldsymbol{x}|H_0)}$ と正の実数 k を用いて

最強力検定：the most powerful test

[33] これらの尤度は観測値 $\boldsymbol{x}$ の同時確率密度関数 (joint probability density function) になっている．なお，尤度はモデル（仮説）におけるパラメータの関数（尤度関数）で表されることが多いが，ここでは単純仮説しか考えていないので，直接には尤度関数は登場しない．

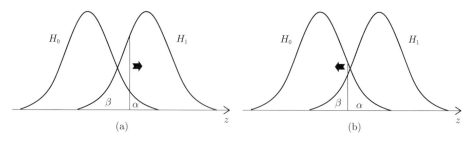

図 4.11 第Ⅰ種の過誤と第Ⅱ種の過誤のトレード・オフ

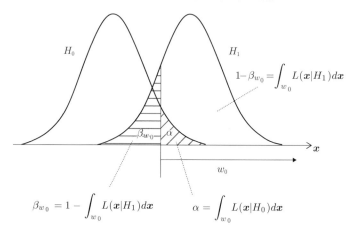

図 4.12 尤度の比を用いる検定における過誤の領域

横軸は観測値 $\boldsymbol{x} = (x_1, x_2, \ldots, x_n)$ を単純化して1次元として図示した．分布曲線は尤度（同時確率密度関数）$L(\boldsymbol{x} \mid H_0)$ と $L(\boldsymbol{x} \mid H_1)$ を表す．

$w_0 = \left\{\boldsymbol{x} \mid \frac{L(\boldsymbol{x}|H_1)}{L(\boldsymbol{x}|H_0)} > k\right\}$ で与えられるとする．つまり，尤度の比が $\frac{L(\boldsymbol{x}|H_1)}{L(\boldsymbol{x}|H_0)} > k$ となるときに H_0 は棄却され，$\frac{L(\boldsymbol{x}|H_1)}{L(\boldsymbol{x}|H_0)} \leqq k$ となるときに H_0 は採択される．このとき，有意水準は $\int_{w_0} L(\boldsymbol{x}|H_0)d\boldsymbol{x} = \alpha$ で与えられるので，k は $\int_{w_0} L(\boldsymbol{x}|H_0)d\boldsymbol{x} = \alpha$ を満たすように定める．すると，この棄却域 w_0 において第Ⅱ種の過誤の生じる確率は，図 4.12 の β_{w_0} の部分にあたり，H_1 の分布全体の確率（面積）が1であるので，$\beta_{w_0} = 1 - \int_{w_0} L(\boldsymbol{x}|H_1)d\boldsymbol{x}$ となる．

ここで，w_1 を有意水準 α の他の任意の棄却域とする．図 4.13 に棄却域 w_1 の一例を示すが，任意なのでこの領域でなくてもよい．この棄却域 w_1 も有意水準は同じ α なので，$\alpha = \int_{w_1} L(\boldsymbol{x}|H_0)d\boldsymbol{x}$ となる．また，第Ⅱ種の過誤の生じる確率は，$\beta_{w_1} = 1 - \int_{w_1} L(\boldsymbol{x}|H_1)d\boldsymbol{x}$

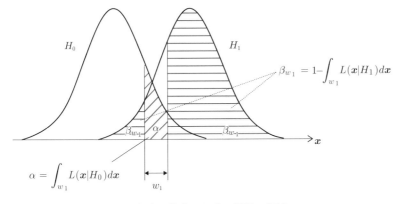

図 4.13 任意の検定における過誤の領域

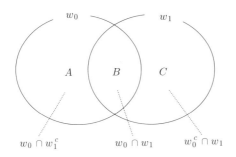

図 4.14 棄却域 w_0 と w_1 の関係

となる．証明したいのは，有意水準 α のもとで，第Ⅱ種の過誤の生じる確率 β が最小（H_1 の検出力 $1-\beta$ が最大）になる棄却域が $w_0 = \left\{ \boldsymbol{x} \,\middle|\, \frac{L(\boldsymbol{x}|H_1)}{L(\boldsymbol{x}|H_0)} > k \right\}$ だということである．つまり，第Ⅱ種の過誤の生じる確率は，棄却域 w_0 のときのほうが任意の棄却域 w_1 のときよりも小さくなること（$\beta_{w_0} \leqq \beta_{w_1}$）を示したい．

図 4.14 は，棄却域 w_0 と w_1 の関係をベン図に表したものである．領域 A は w_0 と w_1 の補集合 w_1^c との共通部分 $w_0 \cap w_1^c$，領域 B は w_0 と w_1 の共通部分 $w_0 \cap w_1$，領域 C は w_0 の補集合 w_0^c と w_1 との共通部分 $w_0^c \cap w_1$ である．棄却域 w_0 と w_1 は領域 B が共通しているので，w_0 と w_1 の差は領域 A と C の差となる．

よって，

$$\beta_{w_0} - \beta_{w_1} = \left(1 - \int_{w_0} L(\boldsymbol{x}|H_1)d\boldsymbol{x}\right) - \left(1 - \int_{w_1} L(\boldsymbol{x}|H_1)d\boldsymbol{x}\right)$$

$$= \int_{w_1} L\left(\boldsymbol{x}|H_1\right)d\boldsymbol{x} - \int_{w_0} L\left(\boldsymbol{x}|H_1\right)d\boldsymbol{x}$$

$$= \left(\int_B L\left(\boldsymbol{x}|H_1\right)d\boldsymbol{x} + \int_C L\left(\boldsymbol{x}|H_1\right)d\boldsymbol{x} \right)$$

$$\quad - \left(\int_A L\left(\boldsymbol{x}|H_1\right)d\boldsymbol{x} + \int_B L\left(\boldsymbol{x}|H_1\right)d\boldsymbol{x} \right)$$

$$= \int_C L\left(\boldsymbol{x}|H_1\right)d\boldsymbol{x} - \int_A L\left(\boldsymbol{x}|H_1\right)d\boldsymbol{x} \qquad (4.1)$$

ここで，棄却域 w_0（領域 A）では $\frac{L(\boldsymbol{x}|H_1)}{L(\boldsymbol{x}|H_0)} > k$ であり，採択域 w_0^c（領域 C）では $\frac{L(\boldsymbol{x}|H_1)}{L(\boldsymbol{x}|H_0)} \leqq k$ であるので，式 (4.1) は次のようになる．

$$\int_C L\left(\boldsymbol{x}|H_1\right)d\boldsymbol{x} - \int_A L\left(\boldsymbol{x}|H_1\right)d\boldsymbol{x} \leq k \int_C L\left(\boldsymbol{x}|H_0\right)d\boldsymbol{x}$$

$$\quad - k \int_A L\left(\boldsymbol{x}|H_0\right)d\boldsymbol{x}$$

$$= k \int_C L\left(\boldsymbol{x}|H_0\right)d\boldsymbol{x} + k \int_B L\left(\boldsymbol{x}|H_0\right)d\boldsymbol{x} - k \int_A L\left(\boldsymbol{x}|H_0\right)d\boldsymbol{x}$$

$$\quad - k \int_B L\left(\boldsymbol{x}|H_0\right)d\boldsymbol{x}$$

$$= k \int_{w_1} L\left(\boldsymbol{x}|H_0\right)d\boldsymbol{x} - k \int_{w_0} L\left(\boldsymbol{x}|H_0\right)d\boldsymbol{x}$$

$$= k\alpha - k\alpha = 0 \qquad (4.2)$$

ゆえに，$\beta_{w_0} \leqq \beta_{w_1}$ が得られた．すなわち，第Ⅰ種の過誤を犯す確率 α をできる限り小さい値（たとえば 0.05 や 0.01）に定め，そのうえで第Ⅱ種の過誤を犯す確率 β を最小にする検定（最強力検定）は，棄却域を $w_0 = \left\{ \boldsymbol{x} \left| \frac{L(\boldsymbol{x}|H_1)}{L(\boldsymbol{x}|H_0)} > k \right. \right\}$ とする検定である．これがネイマンとピアソンの最も重要な成果である[34]．ネイマンとピアソンは対立仮説や 2 種類の過誤を概念的に導入しただけでなく，こうした概念についての数学的裏付けとなる定理を証明することで，それらの実践的価値を含めた定義を示したのである．

[34] ここでは H_0 と H_1 が単純仮説の場合を証明した．H_0 や H_1 が複合仮説の場合については，数理統計学の専門書を参照．

4.3.8 ネイマン–ピアソン流の仮説検定

本節では，ネイマン–ピアソン流の仮説検定を説明した．仮説検定では，検定される仮説だけでなく，対立仮説も立てる．しかも，対立仮説は 1 つだけでなく，複数立てても構わない．また，ネ

イマンとピアソンは，帰無仮説という用語は使わなかった．というのも，帰無仮説は棄却するかどうかを検定するための仮説なので，ネイマン–ピアソン流の仮説検定の枠組みにはふさわしくないからであった．仮説検定では，仮説の棄却だけでなく採択も認める．そのため，帰無仮説という用語を使うと，帰無仮説を採択するという本来の目的に反する使い方になってしまうのである．また，仮説検定では仮説を疑い続けるという判断も認めていた．仮説の棄却と採択だけでは，行為の選択肢は網羅されておらず，保留という第3の行為の選択肢が加わることで網羅的となる．

仮説検定では，対立仮説と採択を導入することで，第Ⅰ種の過誤だけでなく，第Ⅱ種の過誤も生じることになる．そこで，ネイマンとピアソンは，第Ⅰ種の過誤が生じる確率を十分小さい値に定め，そのもとで第Ⅱ種の過誤の確率ができる限り小さくなるように棄却域を設定する検定，すなわち最強力検定を示した．それが，ネイマン–ピアソンの補題であった．ネイマン–ピアソン流の仮説検定の手順をまとめると，次のようになる．

1. 検定される仮説 (H_0) と対立仮説 (H_i) を設定する．
2. 統計量と分布を決める．
3. 有意水準と検出力を決める．
4. データをとり，p 値を計算する．
5. 仮説の棄却か採択か保留を決める．

また，第Ⅰ種の過誤と第Ⅱ種の過誤の表現にも注意が必要であった．ネイマンとピアソンは次のように2種類の過誤を表記した．

第Ⅰ種の過誤：H_0 が真であるときに，H_0 を棄却する．
第Ⅱ種の過誤：H_i が真であるときに，H_0 を採択する．

仮説検定では対立仮説を複数立てることを認めるため，H_0 が偽だとしても，必ずしも H_1 が真になるとは限らない．H_2 や H_3 などの他の対立仮説が真である可能性があるからである．また，H_0 を棄却する，H_0 を採択しない，H_1 を棄却しない，H_1 を採択するという表現はよく似ていて混同しそうではあるが，必ずしも同じではない．表現の仕方によって，誤った判断でない場合がある．そのため，2種類の過誤の表現は慎重にすべきである．ネイマン

とピアソンは正しく誤りを表現していた.

4.4 フィッシャー流の有意性検定とネイマン–ピアソン流の仮説検定の違い

これまで，フィッシャー流の有意性検定とネイマン–ピアソン流の仮説検定のそれぞれについて解説してきた．本節では，2つの検定理論の違いを見ることにしよう.

フィッシャーは，自身の有意性検定とネイマン–ピアソン流の仮説検定の違いを3点指摘している.

> 私自身の考え方になじまない最近のいくつかの表現を取り上げ，これらの表現を検討した後に，より建設的な心持ちで帰納推理の特別な特徴のいくつかを示す．そうすることで，明確にしたい違いをうまく示すことができるはずだ．私の選んだ誤謬を生み出す表現は以下である.
>
> (i) 同じ母集団からの繰り返し抽出
> (ii) 「第II種」の過誤
> (iii) 「帰納行動」 [Fisher 1955, p. 70]

帰納行動：inductive behavior

フィッシャーの指摘する相違点 (ii) については，4.3節で見たように，仮説検定で対立仮説を設定することと，仮説の採択を認めることに起因していた．そこで，以下では相違点 (ii) を対立仮説の設定と仮説への判断に関する2つの相違点としてさらに分けて考察することにする．また，相違点 (i) の母集団からの繰り返し抽出の是非に関連し，有意水準についても異なる考え方を抱くようになる．本節では，議論の流れを重視して，次のようにフィッシャーとは反対の順番で両陣営の相違点を検討することにする.

(1) 検定についての考え方
(2) 仮説についての判断
(3) 対立仮説の設定
(4) 母集団からの抽出
(5) 有意水準の解釈

これら5つの相違点についてはそれぞれ，4.4.1項から4.4.5項ま

4.4 フィッシャー流の有意性検定とネイマン–ピアソン流の仮説検定の違い | 145

でで扱う．そして，これらの相違点がフィッシャーと，ネイマンおよびピアソンの科学観の違いに起因していることを示したい．これについては，4.4.6 項で扱う．両陣営の論争はフィッシャーの逝去により終わったが，論争自体が解決したわけではない．4.4.7 項では，フィッシャー流の有意性検定とネイマン–ピアソン流の仮説検定のその後について付言する．

4.4.1 検定についての考え方

フィッシャー流の有意性検定とネイマン–ピアソン流の仮説検定の違いについて，ネイマンが次のように明言している．フィッシャーとの「争点は，『帰納推理』と『帰納行動』という相対する用語に象徴されるだろう．フィッシャー博士は帰納推論の有名な信奉者である」[Neyman 1961, p. 148]．ネイマンは，有意性検定を**帰納推論**，仮説検定を**帰納行動**と評している．

一方，フィッシャーは，1.1.4 項でも述べたように，自身の有意性検定を帰納推論や帰納推理と捉えている．フィッシャーは論文「帰納推論の論理」において次のように述べる．「私は本論文に『帰納推論の論理』というタイトルを付けた．それは『数字を理解すること』といってもよいかもしれない．実際，数字の意味を理解するという難しい作業にいつも従事している人はみな，個別的な事柄から一般的な事柄を推論しようとしている点で，帰納と呼ばれる種類の論理的な過程を試みようとしている」[Fisher 1935b, p. 39]．このように，フィッシャーにとって有意性検定は，標本から母集団を推論するような，帰納による一般化である．

帰納推論と帰納行動の違いは何だろうか．まず，フィッシャーの検定理論についての考え方から見てみよう．フィッシャーは帰納推論を演繹推論と対比して次のように述べる．

> 演繹推論では，入手できるあらゆる知識はその前提にすでに潜在している．推論を続けていくのに正確さが徐々に低くならないように厳密さが求められる．演繹推論の結論はデータよりも決して正確になることはない．帰納推論では，新しい知識を生み出すという過程の一部が担われている．帰納推論の結論は通常，データが増えるにつれて徐々に正確さが増していく．帰納推論の結論はそのもとになるデータと同じく正確でないといまだによく**いわれる**が，そう

146 | 4 帰無仮説有意性検定を使うときに抱くモヤモヤ感：有意性検定と仮説検定

ではあるまい．統計データは程度の差はあれ常に誤っている．帰納推論の研究は，多くの誤りが溶け込んだ自然鉱石から真理を引き出す過程，すなわち知識の発生学 (embryology of knowledge) の研究である [Fisher 1935b, p. 54, 強調は原著者].

1.1.1 項で述べたように，演繹推論では，その結論に前提以上の内容が含まれない．一方，帰納推論では，結論に前提以上の内容が含まれるため，新しい知識を生み出すことができる．そして，フィッシャーにとって検定は帰納推論である．また，フィッシャーにとって，検定は誤りを排除する作業でもある．これは 2.1.2 項で扱った**ポパーの反証主義**の考え方に近い．ポパーの反証主義によると，科学では仮説の正しさを証明することはできず，せいぜい誤った仮説を取り除くことしかできない．ただし，フィッシャーは誤りを排除して残ったものを真理だとしているが，それが真理かどうかは検討の余地がある[35].

　ここで，フィッシャーの考え方がポパーの反証主義と同じでなく，「近い」としたのはフィッシャーとポパーの科学哲学に根本的な違いがあるからである．ポパーが反証主義の立場をとったのは，帰納が原理的に正当化できないというヒュームの懐疑を受け入れたからである．そこで，ポパーは科学的な推論として基本的に演繹しか用いるべきではないと考えた．ポパーは，演繹である反証を科学的推論として認めるが，演繹でない検証は認めない．もちろん帰納も認めない．一方，フィッシャーは有意性検定を帰納推論だと主張し，かつ有意性検定は科学的方法論だとしている．このように，科学的方法論として帰納を認めるかどうかについて，フィッシャーとポパーでは根本的に異なる[36].

　一方，ネイマンにとって，仮説検定は**帰納行動**である．彼は次のように明言する．

> 「帰納行動の規則」という用語は，熟考されたいくつかの行為の望ましさがいくつかの観察可能な確率変数の頻度関数の性質に依存するような状況に関わるものとして導入された．これらの確率変数は観察によって特定の値に決まり，この用語はその値に従ってある行為を選択するための規則を表すのに使われる．要するに，**統計的仮説検定は帰納行動の規則だ**ということである [Neyman 1950,

35) 保守的なフィッシャーにしては，この表現は口が滑ったようにも思えるが，フィッシャーの本音が垣間見られる．

36) ソーバーは，有意性検定の論理を「確率的モードゥス・トレンス」として説明する [ソーバー 2012, p. 76].

4.4 フィッシャー流の有意性検定とネイマン–ピアソン流の仮説検定の違い | 147

p. 258, 強調は原著者].

行為の望ましさを頻度関数で表し，確率変数の実現値であるデータに従って行為を選択する．その規則を帰納行動の規則と呼び，仮説検定は帰納行動の規則だとする．

帰納行動について，ネイマンは次のように説明する．「『帰納行動』という用語が意味するのは単に，ヒトや他の動物（パブロフの犬など）が望まない帰結を回避するために，気づいている出来事の頻度に自らの行為を順応させていく習性 (habit) のことである」[Neyman 1961, p. 148]．ネイマンは過去の経験からの学習による行動変容を帰納行動と呼ぶ．彼にとって仮説検定は帰納行動なのである．また，ネイマンは次のようにも述べている．

> 帰納行動は，限られた観察から私たちの行動を調整することを表すのに用いられる．この調節は一部意識的で，一部意識下でおこなわれる．意識的な部分は，帰納行動の規則と呼ばれるある規則（もしこれが生じるのを見たら，あれをする）に基づいている．（中略）人類が誕生した当初，暗雲を見かけたら雨や吹雪になることが確認された．これは，注目すべき多くの永続性のうちの 1 つである．この永続性は絶対ではない（他のほとんどの永続性も同じく絶対ではない）にしろ，人やある種の動物は空に暗雲が見えたときはいつも身を隠すようになる．これが帰納行動の具体例である．帰納行動はよい結果をもたらすことが多いが，当然ながらいつもそうなるわけではない [Neyman 1950, pp. 1–2].

ネイマンによると，仮説検定は観察結果から行動を調整する方法である．ネイマンはこの方法を科学の方法という枠組みというよりも，人以外の動物も使用しうる一種の行動規則というより広い枠組みで捉えている．

科学的方法として有意性検定を考案したフィッシャーにとって，こうしたネイマンの考え方は許容できなかったのだろう．フィッシャーは次のように仮説検定を批判する．

> こうした［有意性］検定から引き出される結論は，研究者が実験材料とそれによって提起される問題についてのよりよい理解を得

るための手段となっている.

　注目すべきは, こうした検定を必要だと感じたり, 最初に思いついたり, また後に数学的に厳密にしたりした人々はみな, 自然科学の研究に積極的に関心を抱いたことである. じつは最近, こうした検定をまったく異なるモデルの基礎, すなわち**受け入れ (採択) 手続き**における意思決定の手段に基づいて説明しよう, あるいはむしろ再解釈しようとする学説がかなりある [Fisher 1956, pp. 75–76].

受け入れ (採択) 手続き：acceptance procedure

この「**受け入れ (採択) 手続き**における意思決定の手段」とはいうまでもなく, ネイマン–ピアソン流の仮説検定を指している. 受け入れ手続きとは, 商業や工業などの分野で, 納品されたシステムが要求された品質や機能を満たしているかを確認するために実施する受け入れ検査の手続きである. 受け入れ検査は検収試験と呼ばれたりもする. 「受け入れ手続き」は英語の「acceptance procedure」にあたり, 仮説検定の「採択」と同じ言葉である. フィッシャーはネイマンたちを, 仮説検定は商業で用いられる受け入れ検査における意思決定の手段であるので, 数学的に厳密にしない人や自然科学の研究に積極的に関心をもたない人の手法だと暗に揶揄しているのである.

　ちなみに, エゴン・ピアソンは帰納行動というネイマンの表現については乗り気ではないようである. ピアソンは, 「フィッシャー博士の最後の批判は『帰納行動』という言葉の使用に関するものである. しかし, これは私ではなくネイマン教授の言葉である」[Pearson, E. 1955, p. 207] と述べている.

4.4.2　仮説についての判断

　有意性検定と仮説検定では, 仮説についての判断も異なる. 有意性検定では, 仮説を棄却するかしないかのどちらかのみであり, 仮説を採択することは認められていない. 一方, 仮説検定では仮説の棄却だけでなく, 採択も認める. さらに, 仮説を疑い続けよという保留も認めていた.

　棄却と採択が何を意味するかについて, ネイマンは次のように説明する.

統計的仮説の「採択」と「棄却」という用語は大変便利で，十分確立されている．だが，その正確な意味を把握し，直観からくる付加的な意味を排除することは重要である．それゆえ，仮説 H を採択することは行為 B よりも行為 A をとるように意思決定 (decide) することだけを意味する．これは，仮説 H が真であると必ず信じるという意味ではない．また，帰納行動の規則に適用すると H を「棄却する」ことになるなら，それはその規則が行為 B をとるよう指図 (prescribe) することだけを意味し，H が偽だと信じることを含意しない [Neyman 1950, pp. 259–260].

ネイマンは仮説の採択と棄却を意思決定の枠組みで捉えている．ただし，意思決定といってもベイズ主義とは異なると注意を促している．ここでの「信じる」という表現はベイズ主義的な意味であり，採択や棄却とは異なる意味であることを明言している．採択と棄却は信念の問題でも，真偽の問題でもないのである．仮説の採択や棄却を仮説の真偽と混同することは，いまだによく指摘される誤りである [Wasserstein and Lazar 2016; McShane *et al.* 2019]．ネイマンとピアソンはこの区別に注意を払っており，それはフィッシャーも同様であった．

　一方，フィッシャーは，検定理論において仮説の採択を認めない．

採択の方法は，実験研究において理論的な知識を改良するために用いられる方法とさまざまな点で異なる．（中略）この違いを強調することが必要なのは，第一に実験科学における研究者たちの目的が酷く誤解され，また酷く誤って表現されているからである．ネイマンやワルドのような著者たちは，自然科学における検定の目的をほとんど考慮せずにこれらの検定を取り扱った [Fisher 1956, pp. 76–77].

フィッシャーは科学の方法として有意性検定を考案した．4.4.1 項で見たように，フィッシャーは科学について，ポパーの反証主義に似た保守的な態度をとる．検定では帰無仮説を棄却するかどうかだけを決め，データによって仮説を採択するという大胆な行為をとることを認めない．フィッシャーにとって，仮説を採択することは自然科学の方法ではないので，認められないのである．

4.4.3 対立仮説の設定

ネイマン–ピアソン流の仮説検定では，4.3.3 項で述べたように，考慮される仮説は 2 つないしそれ以上ある．検定される仮説だけでなく，対立仮説も設ける．しかも，対立仮説は 1 つだけでなく，複数の場合もありうる．ネイマンとピアソンは，対立仮説を「H_i」と表記したり，「$H_1, H_2, \ldots$」と表記したりしていた．また，仮説検定で立てる仮説は，必ずしも一方が他方を否定するわけではない．たとえば，H_0 が $\theta_0 = 0.3$ で，H_1 が $\theta_1 = 0.4$ という単純仮説を 2 つ立てても構わない．ただしそのような場合，仮説の選択肢が網羅的ではないため，2 種類の過誤の表記に注意が必要であった．

一方，フィッシャー流の有意性検定では，4.2.2 項で述べたように，ある仮説を考えて，それを否定したものを帰無仮説として設定した．仮説は 1 つしか設けず，対立仮説を立てることは認めなかった．有意性検定はあくまで 1 つの仮説に適用される理論である．2 つ以上の仮説に適用し，それらの仮説についての意思決定を目的とする仮説検定とは異なる．フィッシャーは，有意性検定と仮説検定を混同してしまうと検定を正しく理解できないと指摘した．また，フィッシャーは検定において対立仮説を認めない理由を次のように述べている．

> 仮説が真である頻度に相対的な第 I 種の過誤の頻度は計算可能である．それゆえ，帰無仮説を特定しさえすれば，その頻度は制御可能でもある．第 II 種の過誤は対抗する仮説の頻度だけでなく，対抗する仮説の帰無仮説との近さにも大きく依存しなければならない．それゆえ，第 II 種の過誤の頻度も大きさも帰無仮説を特定するだけでは計算不可能である．そして有意性検定の論理が受け入れ検査の手続きの論理と混同されない限り，第 II 種の過誤が有意性検定の理論で考慮されることは決してないだろう．
>
> 加えて，推定の理論では，それぞれが帰無仮説にふさわしい複数の仮説の連続体を考える．その連続体は，各仮説が真である可能性から次々に計算した頻度の集まりである．その頻度には，過誤の頻度，したがって「第 I 種」の過誤の頻度だけが含まれるが，ア・プリオリな知識についての仮定は一切含まれない．その頻度は尤度関数，フィデューシャル信頼区間 (fiducial limits)，他の利用可

能な情報量の指標を与えてくれる．こうした議論で第Ⅱ種の過誤
に言及することは，まったくもって形式的で役に立たない [Fisher
1955, p. 73].

第Ⅱ種の過誤を計算するには，対立仮説の頻度だけでなく，帰無仮
説と対立仮説の距離にも依存する．フィッシャーは，**形式的**には
第Ⅱ種の過誤の確率を計算できることを暗に認めているようでは
あるが，**実際**に対立仮説を設けて，第Ⅱ種の過誤の確率を計算す
るのはできないと考えているようである．仮説を立てる際に，検
定したい仮説を否定した帰無仮説を定めることはできるが，**科学
の実践**においてどのような対立仮説を設けるべきかは決められな
いばかりか，対立仮説を設ける科学的根拠が理解できないといい
たいのだろう．また，推定において対立仮説を立てることがない
点も，対立仮説を設定することを批判する理由に挙げている．

　4.3.7 項で見たように，ネイマン–ピアソンの補題では第Ⅱ種の
過誤の確率の計算が可能である．フィッシャーはそれも形式的な
ものとして受け入れない．対立仮説の設定とそれに伴う第Ⅱ種の
過誤の確率の計算に科学的な意味があるかどうかが，両陣営の対
立点なのであろう．これには両陣営の科学観にも関係するように
思われる．それについては，4.4.6 項で扱うことにする．

4.4.4　母集団からの抽出についての考え方

　フィッシャー，およびネイマンとピアソンは，母集団からの抽
出についても意見を異にしていた．フィッシャーは**同じ母集団か
ら繰り返し抽出**することはできないと考えたのに対し，ネイマン
とピアソンは同じ母集団からの繰り返し抽出は可能であると考え
た．心理学者のマーク・ルービンはこの違いをわかりやすく示す
ために，次の例を挙げている．ある大学の心理学部の学生が，そ
の学生の所属する学部の 1 年生を実験参加者として心理学実験を
するとしよう．この調査の母集団は何だろうか．その特定の大学
の心理学部 1 年生の学生だろうか．大学一般の心理学部 1 年生だ
ろうか．心理学の学生一般だろうか．それとも，若者一般だろう
か [Rubin 2020, p. 6].

　フィッシャーは『統計的方法と科学的推論』のなかで次のよう
に述べる．

自然科学で使用される有意性検定を受け入れ検査と同一視しよう
とするとき，最も根深い相違の一つは，母集団，すなわち確率に
ついて言明するために参照される集合にある．この類いの混同か
ら誤った数値が導かれることが多かった．受け入れ検査の手続き
が適切に用いられるところでは，検査のために選ばれる1つある
いはいくつかの商品として区分けされた母集団は，明確に定めら
れている．その供給源は客観的で経験的な実在である．他方，仮
説検定において参照される母集団は客観的な実在などではない．
それはもっぱら統計家の創造によって作られたもので，統計家が
検定しようとした仮説，あるいはその仮説のある側面を通して作
られたものである [Fisher 1956, p. 77].

受け入れ検査は 4.4.2 項で述べたように，商業や工業などの分野
での手法である．フィッシャーは仮説の採択を認めるネイマン–ピ
アソン流の仮説検定を受け入れ検査と呼んでいる．商業における
受け入れ検査では，母集団が明確に定められている場合はあるが，
ネイマン–ピアソン流の仮説検定が想定している母集団は明確で
はなく，統計家の創造で作られたものだと批判している．フィッ
シャーであれば，上の心理学の実験の母集団は，その学生の所属す
る大学の心理学部1年生であると答えるだろう．実験の前に母集
団を明確に定めたうえで，その**母集団からランダム抽出**したもの
が標本である．もしその実験では若者が母集団として想定されて
いるのであれば，若者全体からランダム抽出しなければならない．
　また，フィッシャーは同じ著作のなかで，次のように批判して
いる．

　　　特定の検定を一連の検定のなかの一部とみなすのは不自然である．
　　これまでに挙げた例は，この非現実的な態度のために，観察によっ
　　て実際に与えられた証拠が，ある可能な理論的な観点に基づいて
　　どのように重みをもつかという最も重要な問題からいかに注意が
　　そらされ，決しておこなわれることのない繰り返し試行の無限系
　　列における出来事の頻度という現実には無関係なことにいかに注
　　意が向けられているかを示している [Fisher 1956, pp. 99–100].

フィッシャーは，ある大学の心理学部1年生の学生にしかおこなっ
ていない特定の実験を，大学生一般や若者一般に関する一連の実

験の一部とみなすのは不自然だといいたいのである．実際にはその大学の他の学年や他大学の学生，さらには大学生でない若者を対象に実験をおこなわないわけである．それにもかかわらず，ネイマン–ピアソン流の仮説検定では，母集団を大学生一般や若者一般と想定してしまう．

ネイマンは「統計学者は，見かけ上同一の条件のもとで繰り返すと変動する結果が得られるような実験に関心をもつことがある」[Neyman 1937, p. 333] と述べており，同じような条件で実験を繰り返しても，結果が変動しうることを認めている．実験室ならともかく，自然界でまったく同じ条件で実験を繰り返すことは難しい．この点はフィッシャーも同意見であろう．

では，なぜネイマンは同じ母集団から繰り返し実験することを認めるのだろうか．ネイマンはフィッシャーの批判に対して，次のように応答する．

> いくつかの仮説が検定される状況の長い系列を考えなければならない．この系列を「人間の経験」と名付けるが，それはとても異質なものからなる．（中略）問題は，その異質な系列で統計的仮説検定の理論を用いると何が期待できるか．（中略）答えは単純に，確率論の中心極限定理と呼ばれる定理からの帰結である [Neyman 1977, pp. 108–109]．

ネイマンは，実験ごとに標本は異なるが，実験を何度も繰り返せば，**中心極限定理**によって標本全体の分布は同じ母集団の分布に収束すると考えているのである．つまり，研究者の経験をたくさん積み上げろというわけである．

このネイマンの応答に対し，ルービンは次のような否定的な評価を下している．ネイマンは同じ母集団からの繰り返し抽出ではなく，ある特定の「**人間の経験**」の繰り返し試行をいっているだけで，フィッシャーの批判に答えていない．ネイマンの応答では，上の心理学の実験例の母集団が何かは答えられていない [Rubin 2020, p. 11]．

ルービンのいうように，ネイマンはうまく応答できていないように思われる．ネイマンの関心は，研究者の意思決定なので，「人間の経験」を繰り返せばよいと考えたのだろう．それに対し，フィッ

シャーは科学のあり方を重要視しているので，議論がかみあっていないようである．母集団の抽出についての考え方の違いは，有意水準の捉え方の違いにつながった．次項では，有意水準の解釈の違いを見ることにする．

4.4.5 有意水準の解釈

フィッシャーがなぜ有意水準を 0.05 としたのかについては 4.2.4 項で説明した．当時，誤差論の分野では確率誤差の 3 倍が「確からしい」と考えられていた．また，それが標準偏差の約 2 倍に対応する．確率誤差の 3 倍や標準偏差の 2 倍は確率分布全体の約 95%にあたる．そして，そこに含まれない割合が分布全体の約 5%，すなわち 0.05 に対応した．これが初期のフィッシャーも採用した解釈である．

ところが，ネイマン–ピアソン流の仮説検定が台頭し，フィッシャーがネイマンとピアソンと論争を繰り広げることで，有意水準の解釈が少なくとも 3 種類に増えた[37]．ネイマンとピアソンの有意水準の解釈は，4.4.4 項で説明した標本抽出の考え方に関わる．ネイマンとピアソンは，同じ母集団から繰り返し標本を抽出することができると想定していた．それゆえ，彼らにとっての標本は何度も繰り返し抽出した結果である．そして，有意水準は，母集団から何度も繰り返して抽出したときに第 I 種の過誤が生じる**相対頻度**と解釈される．このように，ネイマンとピアソンは有意水準を，何度も抽出を繰り返したときの相対頻度として頻度主義的に解釈した．これは初期のフィッシャーの考え方とは異なる．

フィッシャーはネイマンとピアソンの頻度主義的な解釈に疑問を抱いた．4.4.4 項で見たように，フィッシャーは実際の科学において同じ母集団から繰り返し抽出するのは難しいと考え，ネイマンたちの抽出の考え方を認めなかった．それゆえ，フィッシャーは，有意水準を長期にわたって繰り返し抽出したときの第 I 種の過誤の相対頻度と捉えることに異を唱える．それに伴い，フィッシャーは晩年，有意水準を**実験の後**に設定できると主張するようになる．実験ごとに母集団からの抽出が異なるため，実験に合わせて有意水準を設定する必要があると考えた．だから，実験の後に有意水準を定めるべきだと考え方を変えたのである．そのため，晩年のフィッシャーは p 値の具体的な値を明記するように促した．

37) ギガレンツァは有意水準の 3 種類の解釈の違いを分析した [Gigerenzer 1993]．ここでは彼の分析をもとにしている．

たとえば，$p = 0.03$ のように表記し，$p < 0.05$ のように表記すべきでないとした．そして，論文では $p = 0.03$ と表記して出版し，有意水準は実験の後で研究者のあいだで決めるべきだと考えたのである．

このように，有意水準 α には少なくとも 3 つの解釈がある．1 つは，確率誤差の約 3 倍ないし標準偏差の約 2 倍を超える範囲の割合という，初期のフィッシャーも受け入れ，その後の研究者が慣例として設定するものである．2 つ目は，ネイマンとピアソンによるもので，同じ母集団から長期にわたって繰り返し標本を抽出したときの，第 I 種の過誤を犯す相対頻度である．3 つ目は，晩年のフィッシャーによるもので，実験をして正確な p 値を明記した後に，研究者のあいだで有意かどうかを決めるものである．

4.4.6 フィッシャー，ネイマン，ピアソンの科学哲学の違い

これまで，フィッシャー流の有意性検定とネイマン–ピアソン流の仮説検定の主な相違点を見てきた．これらの相違点は，フィッシャー，およびネイマンとピアソンの科学についての考え方が異なることに起因するように思われる．本項では，両陣営の根底にある**科学哲学**の違いを検討する．

フィッシャーがネイマンとピアソンを批判する根本的な理由は，ネイマン–ピアソン流の仮説検定が自然科学の方法ではないということである．4.4.1 項でも見たように，フィッシャーは仮説検定を受け入れ検査とみなしており，受け入れ検査は自然科学の方法ではないと考えている．フィッシャーによると，仮説検定は有意性検定を再解釈した別の理論である．彼が仮説の採択を認めないのは，それが自然科学の方法ではないからである．フィッシャーは次のように仮説検定を批判する．

> 「仮説検定の理論」なるものは，有意性検定の発展や有意性検定を科学へ応用することに加わらなかった学者たちが後で試みたものであり，商業で用いられ始めた受け入れ検査のような過程を想定して，有意性検定を再解釈しようとしたものである．受け入れ検査のような過程の論理的基礎は，科学者が観測値から実在をよりよく理解しようとするときのものとはまったく異なる [Fisher 1956, pp. 4–5]．

受け入れ検査は商業や工業などで用いられる手法であり，フィッシャーは自然科学の方法ではないと考えている．フィッシャーによると，仮説検定は科学ではなく商業の手法である．そのため，仮説検定は実在を理解しようとする科学の方法とは異なるのである．

　フィッシャーは科学的推論の観点から科学を捉え，有意性検定は帰納推論だと主張した．科学は誤った仮説を棄却するだけで，真偽不明な仮説の採択を認めない．仮説を検定する時点で，仮説が真かどうかという事実はわからない．事実がわかっていれば，そもそも仮説を検定する必要はない．フィッシャーは，真偽のわからない仮説を採択するような大胆な態度を科学で採るべきではないと考える．4.4.1 項でも引用したように，フィッシャーによると，「帰納推論の研究は，多くの誤りが溶け込んだ自然鉱石から真理を引き出す過程，すなわち知識の発生学の研究である」[Fisher 1935b, p. 54]．誤りを排除して残ったものが真理かどうかは検討の余地はあるが，フィッシャーにとって検定は誤りを取り除くための作業である．こうした有意性検定に基づく科学的態度は，ポパーの反証主義に近く，フィッシャーは科学について**保守的**な立場をとっている．

　ポパーによると，科学的仮説は実験や観察によってその正しさが示されるわけではない．というのも，いわゆる検証は論理的に妥当ではなく，科学者は科学的仮説が真であることを知りえないからである．むしろ，よい科学的方法はただひたすら仮説に反する証拠を見つけることである．科学の営みは，新たな仮説を形成し，それを反証の危険にさらし続けることである．これは，フィッシャーの科学哲学と親和性が高い．

　一方，ネイマンは科学研究を次のように説明している．

　　ここでは，科学研究の最終段階をその構成要素の心的過程の本性を確定する目的で検討する．これは帰納としてよく表される段階である．私はその構成要素となる過程が次の 3 つの項目に分類されることを示したい．すなわち，(i) 研究対象の現象に関して考えられる仮説の集合を明確化すること，(ii) これらの仮説から演繹をすること，(iii) 場合によっては (i) で言及したさまざまな仮説の集合に対するある特定の態度を仮定して，ある特定の行動をとるために意図 (will) したり意思決定したりすることである．（中略）これ

らの過程は確かに「推理」の類いではなく、意図である [Neyman
1957, pp. 10–11].

ネイマンは、科学研究を科学者の**心理過程**をもとに分析する。考
えられる仮説を明確にし、それらの仮説から演繹をし、仮説につ
いてある特定の行動を意思決定する。これは仮説検定の手順であ
る。ちなみに、(ii) の仮説からの演繹とは、カイ二乗などの統計量
の値を計算することを指しているが、ネイマンも p 値によって仮
説への判断を下すことは「帰納推理」であるとしている [Neyman
1957, pp. 11–12]. ネイマンにとっての科学研究は、科学者が仮説
検定によって仮説への意思決定をすることである.
　フィッシャーとの論争を避けるエゴン・ピアソンは、科学をど
のように考えていたのだろうか。ピアソンは、フィッシャーに気
を遣いながら次のように説明する.

> フィッシャー教授による次の批判は、統計的仮説の「採択」と「棄
> 却」、そして第 I 種と第 II 種の過誤という言葉の使用に対するもの
> である。ネイマンとピアソンの 1928 年の最初の論文で、科学者の
> 心構えがそこで導入した数学的確率論の形式的構造とどのように
> 関連するかを論じるのにもっと紙面を割いたほうがよかったとい
> う点には十分同意する。しかし、本稿の最初の段落から明らかな
> ように、私たちは統計解析に基づく科学的仮説の最終的な (final)
> 採択と棄却を述べたのではない。「信頼性の度合いの大小」を伴う
> 仮説の採択と棄却を述べたのだ。さらに、私たちは統計的方法が
> 実験者に不可逆的な受け入れ手続きを強いるものだと示唆したわ
> けでは毛頭ない。実際、私たちは最初から、科学的探究での統計
> 的検定は「学習 (learning) の方法」だというフィッシャー教授の
> 考えを共有していた。「検定そのものは最終的な判決を与えるもの
> ではなく、検定を使う研究者に最終的な意思決定を下すのに役立
> つ道具とみなしていた」。おそらく、「最終的な、あるいは暫定的
> な意思決定」といったほうが適切であろう。科学者であっても、
> 産業界や政府の研究部門に雇用されていれば、最終的な意思決定
> を下さなければならないときがある [Pearson, E. 1955, p. 206].

ピアソンは科学者の振舞いについて、ネイマンの帰納行動という
言葉の使用は避け、学習の方法として説明する。ネイマンは「学

習の方法」について詳しく説明していないが，過去の観察結果に基づく研究者の行動変容の方法のことをいっているのだろう．ピアソンは，フィッシャーにすり寄ってはいるが，ネイマンのいう科学者の経験の積み上げと実質的には同じような科学観を抱いていたようである．

　フィッシャー，ネイマン，ピアソンはいずれも科学について語っており，いずれもそれなりの説得力はあるように思える．それでも両陣営は対立しあっていた．それは，両陣営の念頭に置いている科学の理解が異なっているからであろう．

　ここで，科学理論と科学者の区別は重要である．**命題**と人を混同してはならない．科学哲学者のソーバーは，命題と人の混同について骨相学の仮説と骨相学者を例に説明する．かつて骨相学という学問分野があった．骨相学の仮説によると，特定の心理的特徴が脳の特定の部位に局在化されており，ある才能や心理的傾向を多くもてばもつほど，それに対応する脳の部位が大きくなり，頭蓋骨の凹凸は脳の輪郭を反映する．それゆえ，骨相学の仮説によれば，図 4.15 のように，頭蓋骨の形状を測定すると人の心的特徴を捉えられる．骨相学者たちは，友情や芸術の才能，謙虚さや傲慢さなどの心的特徴に対応する頭蓋の位置や形状などについて，さまざまな仮説を立てた．しかし，どの仮説もそれを支える証拠を得ることができなかった．そのため，骨相学の研究プログラムは停滞し，最終的に骨相学の仮説は捨てられることになった．

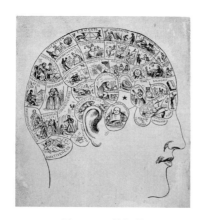

図 **4.15**　骨相学

骨相学の仮説は誤っていたが，当時はまともな科学理論とされていた．骨相学の研究プログラムには，心的特徴と頭蓋骨の形状が対応するというプログラムの核が存在し，その仮説を検証するデータを求めたり，反証の危険にさらされたりした．そういう意味で，骨相学の仮説は，結果的には誤りであったものの，科学的な仮説ではある．一方，現在の脳科学者が骨相学の仮説を信奉していたらどうだろうか．すでに捨て去られ，しかもそれを支える新たなデータが得られたわけでもない仮説を信奉するのは，まともな科学者ではないだろう．つまり，骨相学の仮説という命題と骨相学者という人は異なり，骨相学の仮説について語ることと，骨相学者について語ることは異なるのである [ソーバー 2009, 第 2 章].

さて，フィッシャーと，ネイマンおよびピアソンとの対立に話を戻そう．フィッシャーによると，科学的仮説は有意性検定によって棄却されるかどうかの審判を受け続けるものであった．フィッシャーは，多くの科学的仮説のなかで棄却されずに残ったものを真理と捉えていた．フィッシャーが語っているのは，科学的仮説という命題である．

それに対し，ネイマンとピアソンは科学者の心的過程について論じていた．ネイマンが科学を語るとき，科学研究における科学者の心理過程を説明し，意図や意思決定という心的用語を使って検定理論を解説した．また，人間の経験の繰り返しとして検定理論を説明したりもしていた．ネイマンによる帰納行動は，過去の経験に基づく学習による行動変容であり，科学者の振舞いのことである．

ピアソンはフィッシャーに気を遣いつつ，仮説検定を学習の方法だと述べていた．ピアソンは帰納行動という用語の使用は避けたが，意思決定という表現は使い続けた．意思決定は科学者がおこなうものである．上の引用でも，ピアソンは研究者の意思決定とはっきり述べたり，産業界や政府に雇用される科学者について語ったりしていた．

このように，両陣営の対立は，一方でフィッシャーは科学の**仮説**をもとに科学を語り，他方でネイマンとピアソンは科学者の**心的過程**をもとに科学を語っていた．命題と人は異なる．フィッシャーは科学の理論の観点から科学を考えたのに対し，ネイマンとピアソンは科学者という人に注目して科学を捉えていた．そのため，

両陣営は同じように科学を語っているように見えたが，議論がかみ合わなかったのだろう [Morimoto 2021]．

　科学理論と科学者の違いの他にも，両陣営の想定している科学にはもう1つ違いがある．フィッシャーが念頭に置いた科学はおそらく生物学や物理学である．また，フィッシャーの想定する科学者は，大学や研究所で生物学や物理学の理論を専門的に研究する人たちだろう．一方，ネイマンとピアソンの想定する科学は，受け入れ検査を用いる商業や工業を含めるより広い科学領域であったのだろう．ピアソンは，科学者にも産業界や政府の研究部門に雇用される人がいると指摘しているように，フィッシャーよりも科学の領域を広く捉えていたことが推察される．この点も両陣営の語る科学が異なる要因だと考えられる．

COLUMN 4.3

帰無仮説有意性検定における命題と人の区別

　命題と人を混同すべきでないという教訓は，帰無仮説有意性検定についてもあてはまる．4.1.2項で述べた通り，2015年に *Basic and Applied Social Psychology* 誌で，帰無仮説有意性検定を禁止するという編集方針が打ち出されたが，帰無仮説有意性検定の理論自体とその理論を使用する科学者を混同すべきではない．2016年のアメリカ統計協会による声明は，検定理論の使用における誤解と誤用への注意喚起である．誤解と誤用をするのは科学者であり，理論ではない．科学者の誤解や誤用への批判が昔から続いているが，誤解や誤用を抑制するには科学者や統計教育者，統計学の教科書を正すべきである．もし検定理論自体が誤っているのであれば，理論の誤った部分を修正すべきであるが，科学者の誤解や誤用は検定理論を破棄する理由にはならない．*Basic and Applied Social Psychology* 誌の先鋭な方針は，科学者の誤解と誤用という人の問題を，帰無仮説有意性検定の理論の問題と混同しているのではないだろうか．

4.4.7　混成理論

　フィッシャー，ネイマン，ピアソンの論争は，フィッシャーの逝去により終わる．だが，論争は解決したわけではなく，未解決のままである．論争を棚上げにして，フィッシャー流の有意性検定とネイマン-ピアソン流の仮説検定をごちゃ混ぜにした人物は，教育心理

学者のエヴェレット・リンドクィストとされている [Perezgonzalez 2015; 三中 2018]. 心理学者のホセ・ペレスゴンザレスは,「有意性検定は, フィッシャーが1925年から開発と普及に寄与したものである. 統計的仮説検定は, 1928年にネイマンとピアソンによって開発された. そして, 帰無仮説有意性検定 (NHST) は, 1940年のリンドクィストによって最初に作り上げられた. 最初にフィッシャーによる単純な検定のアプローチが導入され, 次にネイマンとピアソンによる複雑なアプローチへと移行し, その後にNHSTと称される相容れないものを混合したアプローチと格闘するというこの年代の順番は偶然である」[Perezgonzalez 2015, p. 1]. また, ギガレンツァは,「有意水準が仮説の確率を特定するという間違いを増長させた黎明期の著者に, アナスタシ [Anastasi 1948, p. 11], ファーガソン [Ferguson 1959, p. 133], リンドクィスト [Lindquist 1940, p. 14] がいる」[Gigerenzer 2004, p. 597] と主張する. どちらにも, リンドクィストの1940年の教科書『教育研究における統計解析』があがっている.

　リンドクィストのこの教科書では, ギガレンツァが指摘するように, 有意水準を仮説の確率として解説している. 10歳の女児の体重測定の事例を用い,「真の平均が64.22ポンドから65.79ポンドのあいだにあるという可能性が100分の95である, もしくは真の平均が63.97ポンドから66.03ポンドまでの値の外側にある確率が100分の1である」[Lindquist 1940, p. 14] と説明している. もちろん, 有意水準は仮説の確率ではない.

　また, リンドクィストは仮説の棄却と採択を次のように説明する.「仮説を棄却するか採択するかを断定すること, すなわち仮説を『擁護できる (tenable)』か『擁護できない』かを断定的に判定することは, 本質的だとして恣意的に決めた信頼の度合い (degree of confidence) に依存する」[Lindquist 1940, p. 13, 強調は原著者]. リンドクィストはわかりやすく説明したかったのかもしれないが, 棄却と採択という言葉を擁護できるかどうかという言葉にいい換えている. もちろん, 仮説を採択することと仮説を擁護することは異なる.「信頼の度合い」という表現も誤解を招く表現である.

　リンドクィストは2種類の過誤について次のように説明する[38].

あらゆる有意性検定において同じ有意水準を強調するのは望まし

38) 2種類の過誤はフィッシャー流の有意性検定では認められていないが, リンドクィストは, 有意性検定 (tests of significance)」の一部として2種類の過誤を説明している.

いことではない点に注意すべきである．採用する有意水準の選択
は，危険性のある2つのタイプの過誤の相対的結果に基づくべき
である．一方で，帰無仮説が偽であるときに，その帰無仮説を採
択する危険性がある．すなわち，本当は差があるときに，その差
は有意でないと特徴付けてしまう危険性がある．他方で，帰無仮
説が真であるときに，その帰無仮説を棄却する危険性がある．つ
まり，本当は差が偶然によるときに，有意だと主張する危険性が
ある [Lindquist 1940, p. 16].

リンドクィストは，帰無仮説の棄却と採択という表現を用いてい
る．フィッシャーは帰無仮説の採択は認めず，また，ネイマンとピ
アソンは帰無仮説という言葉の使用を避けた．それは，4.2.2項で
確認したように，帰無仮説は棄却されるかどうかを検定するため
に立てられる仮説だからである．この点で，リンドクィストの検
定理論は有意性検定と仮説検定の混成となっている．
　2種類の過誤については，第Ⅰ種と第Ⅱ種の過誤を説明する順
番は逆であるが，以下のように表記できる．

　　第Ⅰ種の過誤：帰無仮説が真であるときに，帰無仮説を棄却
　　　　　　　　　する．
　　第Ⅱ種の過誤：帰無仮説が偽であるときに，帰無仮説を採択
　　　　　　　　　する．

第Ⅰ種の過誤は，帰無仮説という言葉を用いていること以外は，ネ
イマン–ピアソン流の仮説検定の表現である．一方，第Ⅱ種の過誤
は，ネイマン–ピアソン流の仮説検定の表現とは異なる．仮説検定
では「対立仮説 H_1 が真であるときに，H_0 を採択する」と表記さ
れており，リンドクィストの「帰無仮説が偽であるとき」の部分
が異なる．ただし，リンドクィストの第Ⅱ種の過誤は4.3.6項で
述べたように，誤った判断であるので，過誤としては問題ない．
　ところが，リンドクィストが1953年に出版した教科書『心理学
と教育学における実験の計画と解析』では，2種類の過誤の表記
が変わっている[39]．

　　統計的仮説の検定において2種類の過誤が常に生じうることを肝
　に銘じておかなければならない．1つは，仮説が真であるときに，

39) リンドクィスト
は 1940 年の教科書
では検定理論を「有意
性検定」と呼んでいた
が，1953 年の教科書
では「仮説検定 (test-
ing hypotheses)」と
呼び方を変えている．

その仮説を棄却する過誤（第Ⅰ種の過誤と呼ばれる）である．もう1つが，仮説が偽のときに，その仮説を保持する (retain) 過誤（第Ⅱ種の過誤）である [Lindquist 1953, p. 66].

第Ⅰ種の過誤の表現は変わらないが，第Ⅱ種の過誤は「仮説を保持する」という表現に変わっている．この第Ⅱ種の過誤の表現は適切でない．というのも，データがまだ不足しているなどの理由で誤った仮説を保持することは，誤った判断ではないからだ．容疑者 X が犯人ではないが，まだその容疑を晴らすほどの証拠がないので，X が犯人だという仮説を保持することは誤った判断ではない．

　リンドクィストの解説する検定理論はもはや，フィッシャー流の有意性検定でもネイマン–ピアソン流の仮説検定でもない．2つの検定理論をごちゃまぜにした混成理論どころか，リンドクィストのアレンジまで加わっている．

　ギガレンツァが混成理論の元凶とするのは，心理学者のジョイ・ギルフォードの 1942 年の教科書『心理学と教育学における基礎統計学』である [Gigerenzer 1993, pp. 322–324]．ギガレンツァによると，この本は 1940 年代と 1950 年代に心理学で最も広く読まれた統計学の教科書のようである．ギルフォードによる検定理論[40]の説明の一例を見てみよう．

40) ギルフォードは，「仮説検定 (testing hypotheses)」という用語を使っている．

　　最良の実験は，ある仮説の真偽を検定するように設定したものである．先の実験より，ある事柄が真であると信じるが，仮説を採択するか棄却するかを可能にする決定的な検定が必要である．結果が一方に出れば，仮説はおそらく正しい (probably correct)．仮説が他方に出れば，仮説はおそらく誤っている．「おそらく」という言葉を入れたのは，科学に絶対確実なものなど存在しないからである [Guilford 1942, p. 156].

採択を「おそらく正しい」，棄却を「おそらく誤っている」と解説し，「おそらく」という言葉を入れた理由は科学に絶対はないからだという．もちろんこれらの説明は正しくない．

　ギルフォードの教科書には，他にも適当でない表現が見受けられる．ギルフォードは検定理論による判断について次のように説明し

ている．「結論の確実さ (assurance) は，『疑わしい (doutbtful)』から，『たぶん (maybe)』，『とてももっともらしい (very likely)』，『ほぼ確実 (almost certain)』，『実践的に確実 (practically certain)』までの何らかの強さの度合いになるだろう．統計的手続きは，疑わしいから確実までのこうした度合いにより明確な意味を与えてくれる」[Guilford 1942, p. 156]．もちろんこれも正しくない．ギガレンツァによると，ギルフォードはフィッシャー流の有意性検定をベイズ主義の言葉で説明している．ギガレンツァは，「ギルフォードの手にかかると，ある仮説 H のもとでのあるデータ（または検定統計量）D の確率 $p(D|H)$ を特定する p 値が奇跡的にも，データのもとでの仮説のベイズ主義的事後確率 $p(H|D)$ に変えられる」[Gigerenzer 1993, p. 323] と揶揄している．

　さらに，ギガレンツァによると，「混成理論の論理の最も驚愕の 2 つの特徴は (a) 混成の起源を隠したことと，(b) 科学的推論の一枚岩の論理として発表されたことである」[Gigerenzer 1993, p. 324]．1940 年代や 1950 年代に，リンドクィストやギルフォードらの統計学の教科書が広まり，さらにそのあいだにもこのような教科書が続々と出版され，誤解や誤用を招く説明が広まっていった．そして，ギガレンツァがいうように，混成理論の起源は隠されてしまったのであろう．また，多少呼び方は異なるが，帰無仮説有意性検定という一枚岩の理論があるかのような誤解も広まってしまった．ギガレンツァは一枚岩の理論と述べているが，リンドクィストとギルフォードの検定理論の説明は異なり，4.3.5 項で見たように，ホーエルの『入門数理統計学』や『初等統計学』，バタチャリヤとジョンソンの『初等統計学 1』における検定理論の説明も異なっていた．帰無仮説有意性検定が一枚岩の理論だとはいいがたいであろう．

　統計的な検定理論の誤解や誤用は昔から繰り返し指摘されてきたが，それにもかかわらず誤解や誤用が十分に正されないままに進めてきてしまった．そのせいで，さまざまな分野の研究成果にも悪い影響を及ぼしている．だからといって，科学者の誤解や誤用を理由に有意性検定や仮説検定を捨てるのは，命題と人の混同という別の誤りを犯している．理論の発展は重要だが，ここで一度立ち止まり，有意性検定や仮説検定を振り返ることも重要かもしれない．とくに，フィッシャー，ネイマン，ピアソンの論争は

フィッシャーの逝去によって終わりはしたが，論争自体が解決したわけではないのだから．

　本書の冒頭で，統計学を用いるときのモヤモヤ感や後ろめたさは完全に払拭することはできないと予見した．それでも，モヤモヤ感や後ろめたさが軽減することを期待した．統計学的推論の中核が帰納であり，前提が正しくても結論は必ずしも正しくならないということを肝に銘じることは重要である．帰納推論なのでモヤモヤ感はどうしても残ってしまう．また，統計学が誤差論的思考ではなく集団的思考なので，分布の捉え方を変える必要があった．その切換えがうまくいけば，モヤモヤ感は薄れるのではないだろうか．本書を使って統計学の門を再度くぐることで，統計学の誤解や誤用が軽減することを期待する．

あとがき

　統計学を使うときに抱く後ろめたさやモヤモヤ感は軽減された
だろうか．もし多少でも軽減していただけたら喜ばしい．ついで
に，科学哲学が有用だと感じてくれたら，幸いである．

　本書で取り上げたトピックは，統計学の教科書にはほとんど載っ
ていないだろう．載っていたとしても，コラムなどで軽く触れら
れるぐらいではないだろうか．本書のトピックは，私が統計学を学
んだときに個人的に抱いた後ろめたさやモヤモヤ感がもとになっ
ている．統計学の教科書を読んで字面を追ったり数式を自力で展
開できたりしても，わかったという気になれなかった．練習問題
が解けてもすっきりはせず，後ろめたさが残る．その要因を探っ
てみて，フィッシャーが統計学的推論は帰納だとはっきりいって
いることがわかると，個人的に少しすっきりした．そのことを統
計数理研究所の公開講座で話したとき，統計学者の田邉國士氏か
ら共感するという旨のご意見をいただき，田邉氏から論文も送っ
ていただいた．田邉氏には感謝の意を表します．本書でも紹介し
たが，統計学的推論の中核が帰納であることは田邉氏がすでに論
文で何度も強調していたのである．そのことを知り，私自身の後
ろめたさが少し晴れた．

　また，統計学が誤差論的思考ではなく，集団的思考に依拠して
いることがわかったときも，モヤモヤ感が少し晴れた．私は確率
論と統計学の哲学の他に，生物学の哲学という分野も専門として
いる．生物学に革命を起こしたのはいわずと知れたチャールズ・
ダーウィンであり，ダーウィンの偉業として紹介されるのが集団
的思考である．この偉業がフランシス・ゴールトンによって精緻
化され，さらに進化論を通じて統計学にも持ち込まれた．ゴール
トンが誤差論的思考と集団的思考を対比して説明しているのを読
んだとき，統計思考の理解が進んだように感じた．

　さらに，帰無仮説有意性検定については，2種類の過誤がどう

しても理解できなかった．いくつかの統計学の教科書を読み漁ると，2種類の過誤の表現が微妙に異なり，さらに困惑した．その後かなり経ってから，アンドリューズとフスが言語の観点から2種類の過誤を分析する論文を読むと，理解できなかった部分の正体が明らかになり，理解できなかったのは私の問題ではないことに安堵した記憶がある．統計学の教科書で過誤とされていたものが，じつは過誤ではなかった．アンドリューズとフスの議論をもとに，2種類の過誤を整理しなおすと，私のなかでは2種類の過誤についてのモヤモヤ感は軽減された．また，ネイマンとピアソンの原論文を読んで，仮説の棄却と採択以外に，仮説を疑い続けるという保留も考慮されていたことを知り，後ろめたさはさらに解消された．

　このように私個人が抱いた後ろめたさやモヤモヤ感の要因が本書のトピックになっている．これらのトピックが後ろめたさの要因のすべてではないだろう．まだまだ統計学を理解したいので，腑に落ちない部分，モヤモヤする部分を今後も掘り下げてみたいと思う．

　本書の執筆を後押ししてくれたのは，2018年におこなった統計数理研究所での公開講座である．公開講座は本シリーズの編著者の島谷健一郎氏から依頼され，後にその内容の書籍化を勧められた．島谷氏によると，哲学者で統計数理研究所の公開講座をおこなうのは初めてであった．平日の10時から16時までの長丁場で，定員は100名．しかも少なくない受講料を徴収し，哲学者の話に果たして人が集まるのか不安であった．だが，蓋を開けてみると，予約の申し込みは早いうちに定員に達した．その2年後の2020年には，同じく統計数理研究所の三分一史和氏からも公開講座を依頼された．Covid-19の影響により対面開催を断念し，オンデマンド開催で，質疑をオンラインでおこなうという形態にせざるを得なくなったが，その際も多くの受講申し込みをいただいた．科学哲学のおかげなのか，統計学のおかげなのか，統計数理研究所の影響力なのか（受講者を見る限り，私を知っている人はあまりいないようだった）．いずれにしても，科学哲学が統計学の役に立ったのであれば，私としては光栄である．また，小泉逸郎氏と渥美圭佑氏には北海道大学で開催されるEZOゼミで，遠藤晃祥氏と中山直之氏にはリハビリテーションのための応用行動分析学

研究会で講演の機会を与えていただいた．貴重な機会を与えてい
ただいた皆さまには，心から感謝いたします．

　科学哲学の観点から統計学に迫る本はすでにある．科学哲学者
のエリオット・ソーバーの『科学と証拠』（名古屋大学出版会，松
王政浩訳，2012 年）がその代表である．良書ではあるが，難易度
がやや高い．統計数理研究所の公開講座は，統計利用者向けに統
計学の哲学の入門的な内容を解説し，『科学と証拠』への橋渡しと
なることも当初は目的としていた．だが，本書を執筆する段階で
公開講座の内容を取捨選択していたら，その目的はいつの間にか
失われてしまった．それでも，『科学と証拠』は良本であることに
は変わりがないので，ぜひ読んでいただきたい．また，大塚淳氏
の『統計学を哲学する』（名古屋大学出版会，2020 年）もお勧め
である．統計学の哲学だけでなく，現代哲学の真髄にも触れるこ
とができる．さらに，ソーバーの『オッカムのかみそり』（勁草書
房，森元良太訳，2021 年）も統計学の哲学に関する本である．単
純な仮説のほうが複雑な仮説よりもよいというオッカムのかみそ
りについて統計学の考え方を駆使して論じられている．

　本書を出版するにあたり，近代科学社編集部の伊藤雅英氏と高
山哲司氏には大変お世話になった．また，島谷氏にはかなり細か
く査読をしていただいた．わざわざ札幌まで足を運んでいただき，
丸 2 日間疲れ果てるまで議論を交わし，文章構成から，数学的な
導出，誤字脱字まで，こと細かくチェックしていただいた．議論
の後，札駅前の「海来」で刺身盛りを肴に飲んだ道産酒の北斗随想
は格別であった．さらに，三中信宏氏，椎名乾平氏，広田すみれ氏
には非常に短い期間での査読をお願いしたにもかかわらず，貴重
なご助言を多数いただいた．加えて，松王政浩氏には共同研究を
通じて，有益な議論を重ねていただいた．そして，北海道医療大
学で開催している統計学の勉強会に参加している皆さんには，原
稿のチェックにお付き合いいただいた．とくに，福田実奈氏，尾
崎有紀氏，高橋和孝氏，水鳥翔伍氏，小野さくら氏，齋藤悠輔氏，
前田千智氏には有益なご指摘をいただいた．皆さまには，深く感
謝いたします．

　第 3 刷では，佐藤直樹氏のご指摘および SNS 上でのコメントを
受けて修正を加えた．貴重なご意見をいただき，感謝いたします．

参考文献

Achenwall, G. (1748). *Vorbereitung zur Staatswissenschaft der heutigen fürnehmsten europaischen Reiche und Staaten worinnen derselben eigentlichen Begriff und Umfang in einer bequemen Ordnung entwirft und seine Vorlesungen darüber ankündiget.* Vandenhoeck.

Achenwall, G. (1749). *Abriß der neuesten Staatswissenschaft der vornehmsten Europäischen Reiche und Republicken zum Gebrauch in seinen Academischen Vorlesungen.* Schmidt.

American Psychological Association. (2020). *Publication Manual of the American Psychological Association.* 7th edition. American Psychological Association.

Amrhein, V., Greenland S. and McShane B. (2019). Retire Statistical Significance. *Nature* 567: 305–307.

Anastasi, A. (1958). *Differential Psychology.* 3rd edition. Macmillan.

安藤洋美（1995）『最小二乗法の歴史』, 現代数学社.

Andrews, K. and Huss, B. (2014). Anthropomorphism, Anthropectomy, and the Null Hypothesis. *Biology and Philosophy* 29(5): 711–729.

Arbuthnot, J. (1710). An Argument for Divine Providence taken from the constant Regularity: observ'd in the Births of both Sexes. *Philosophical Transactions of the Royal Society of London* 27: 186–190.

Archibald, R. C. (1926). A Rare Pamphlet of Moivre and Some of His Discoveries. *Isis* 8: 671–683.

Ariew, A. (2008). Population Thinking. In M. Ruse (ed.), *Oxford Handbook of Philosophy of Biology.* Oxford University Press, 64–86.

Barnes, J., ed. (1984). *The Complete Works of Aristotle.* Volumes I and II. Princeton University Press.

Bayes, T. (1763, published 1764). An Essay towards Solving a Problem in the Doctrine of Chances. *Philosophical Transactions* 53: 370–418.

Bem, D. J. (2011). Feeling the Future: Experimental Evidence for Anomalous Retroactive Influences on Cognition and Affect. *Journal of Personality and Social Psychology* 100: 1–19.

Barnett, V. (1999). *Comparative Statistical Inference.* 3rd edition. John Wiley & Sons.

Bessel, F. W. (1815). Uber den Ort des Polarsterns. *Astronomische Jahrbuch für 1818*: 233–240.

Bhattacharyya, G. K. and Johnson, R. A. (1977). *Statistical Concepts and Methods.* John Wiley & Sons. （G. K. バタチャリヤ・R. A. ジョンソン (1980)『初等統計学 1』蓑谷千凰彦（訳）, 東京図書）

Childers, T. (2013). Philosophy and Probability. Oxford University Press. (ティモシー・チルダーズ (2020)『確率と哲学』宮部賢志・芦屋雄高 (訳), 九夏社)

Cowles, W. and Davis, C. (1982). On the Origin of the .05 Level of Statistical Significance. *American Psychologist* 37(5): 553–558.

Dale, A. I. (1999). *A History of Inverse Probability: From Thomas Bayes to Karl Pearson.* 2nd edition. Springer.

Dale, A. I. (2003). *Most Honourable Remembrance: The Life and Work of Thomas Bayes.* Springer.

Darwin, C. (1839). *Journal of Researches into the Geology and Natural History of the Various Countries Visited by H.M.S. Beagle under the Command of Captain Fitzroy, R. N. from 1832 to 1836.* Henry Colburn. (チャールズ・ダーウィン (1959)『ビーグル号航海記』上・下巻, 島地威雄 (訳), 岩波書店)

Darwin, C. (1859). *On the Origin of Species by Means of Natural Selection, or the Preservation of Favoured Races in the Struggle for Life.* John Murray. (チャールズ・ダーウィン (1990)『種の起源』上・下巻, 八杉龍一 (訳), 岩波書店)

Ferguson, L. (1959). *Statistical Analysis in Psychology and Education.* McGraw-Hill.

De Finetti, B. (1930a). Fondamenti Logici del Ragionamento Probabilistico. *Bol1ettino dell' Unione Matematica Italiana* 5: 1–3. Reprinted in de Finetti (1981), 261–263.

De Finetti, B. (1930b). Funzione Caratteristica di un Fenomeno Aleatorio. *Memorie dalla Reale Accudemi dei Lincei* IV: 86–133. Reprinted in de Finetti (1981), 267–315.

De Finetti, B. (1930c). Problem! Determinati e Indeterminati nel Calcolo della Probabilita. *Rendiconti della Reale Accademia Nazionale dei Lincei* XII: 367–73. Reprinted in de Finetti (1981), 327–333.

De Finetti, B. (1981). *Scritti (1931–1936).* CEDAM.

De Moivre, A. (1733). *Approximatio ad Summam Terminorum Binomii $(a+b)^n$ in Seriem expansi.* Photographically reprinted in Archibald (1926).

Edgeworth, F. Y. (1899). On the Representation of Statistics by Mathematical Formulae. *Journal of the Royal Statistical Society* 62(3): 534–555.

Ferguson, L. (1959). *Statistical Analysis in Psychology and Education.* McGraw-Hill.

Fisher, R. (1921). On the "Probable Error" of a Coefficient of Correlation Deduced from a Small Sample. *Metron* 1: 3–32.

Fisher, R. (1922). The Goodness of Fit of Regression Formulae, and the Distribution of Regression Coefficients. *Journal of the Royal Statistical Society* 85: 597–612.

Fisher, R. (1925). *Statistical Methods for Research Workers.* 1st edition. Oliver & Boyd. (5th edition in 1934, 12th edition in 1954, 13th edition in 1958) (R. A. フィッシャー (1970)『研究者のための統計的方法』遠

藤健児・鍋谷清治（訳），森北出版）

Fisher, R. (1926). The Arrangement of Field Experiments. *Journal of the Ministry of Agriculture of Great Britain* 33: 503–513.

Fisher, R. (1929). The Statistical Method in Psychical Research. *Proceedings of the Society for Psychical Research* 39: 189–192.

Fisher, R. (1935a). *The Design of Experiments.* Oliver and Boyd.（R. A. フィッシャー (1971)『実験計画法』遠藤健児・鍋谷清治（訳），森北出版）

Fisher, R. (1935b). The Logic of Inductive Inference. *Journal of the Royal Statistical Society* 98: 39–82.

Fisher, R. (1935c). Statistical Tests. *Nature* 136: 474.

Fisher, R. (1955). Statistical Methods and Scientific Induction. *Journal of the Royal Statistical Society* B, 17: 69–78.

Fisher, R. (1956). *Statistical Methods and Scientific Inference.* Oliver and Boyd.（R. A. フィッシャー (1962)『統計的方法と科学的推論』渋谷政昭・竹内啓（訳），岩波書店）

Fitelson, B. (2013). Contrastive Bayesianism. In M. J. Blaauw (ed.), *Contrastivism in Philosophy.* Routledge, 39–64.

Galton, F. (1869). *Hereditary Genius: An Inquiry into its Laws and Consequences.* Macmillan.

Galton, F. (1877). Typical Laws of Heredity. *Nature* 15: 492–495, 512–514, 532–533.

Galton, F. (1886). Regression towards Mediocrity in Hereditary Stature. *The Journal of the Anthropological Institute of Great Britain and Ireland* 15: 246–263.

Galton, F. (1889). *Natural Inheritance.* Macmillan.

Galton, F. (1908). *Memories of My Life.* Methuen.

Gauss, C. F. (1809). Theoria Motvs Corporvm Coelestivm in Sectionibvs Conicis Solem Ambientivm. Perthes & Besser. English translation by C. H. Davis (1857), *Theory of the Motion of the Heavenly Bodies Moving about the Sun in Conic Sections.* Little Brown & Co.

Gauss, C. F. (1816). Bestimmung der Genauigkeit der Beobachtungen. *Zeitschrift für Astronomie und verwandte Wissenchaften* I: 187–197.

Gauss, C. F. (1821–1826). *Theoria Combinationis Observationum Erroribus Minimis Obnoxiae.* Dieterich. English translation by G. W. Stewart (1995), *Theory of the Combination of Observations Least subject to Errors: Part One, Part Two, Supplement.* Society for Industrial and Applied Mathematics.

Gelfand, A. E. and Smith, A. F. M. (1990). Sampling-Based Approaches to Calculating Marginal Densities. *Journal of the American Statistical Association* 85: 398–409.

Gigerenzer, G. (1993). The Superego, the Ego, and the Id in Statistical Reasoning. In G. Keren, and C. Lewis (eds.), *A Handbook for Data Analysis in the Behavioral Sciences: Methodological Issues.* Erlbaum, Hillsdale, 311–339.

Gigerenzer, G. (2004). Mindless Statistics. *The Journal of Socio-Economics* 33: 587–606.

Gillies, D. (2000). *Philosophical Theories of Probability*. Routledge.（D. ギリース (2004)『確率の哲学理論』中山智香子（訳）, 日本経済評論社）

Good, I. J. (1971). 46,656 varieties of Bayesians. *American Statistician* 25: 62–63.

Goodeman, N. (1954). *Fact, Fiction, and Forecast*. Harvard University Press.（ネルソン・グッドマン (1987)『事実・虚構・予言』雨宮民雄（訳）, 勁草書房）

Gould, S. J. (1981). *The Mismearure of Man*. W. W. Norton.（スティーブン・J・グールド (1989)『人間の測り間違い―差別の科学史―』鈴木善次・森脇靖子（訳）, 河合書房新社）

Grant, P. R. (1991). Natural Selection and Darwin's Finches. Scientific American 265(4): 82–87.

Grant, P. R. and Grant, R. B. (2008). *How and Why Species Multiply*. Princeton University Press.

Graunt, J. (1662). *Natural and Political Observations mentioned in a following Index, and made upon the Bills of Mortality*, London.

Guilford, J. P. (1942). *Fundamental Statistics in Psychology and Education*. McGraw-Hill.

Hacking, I. (1988). Telepathy: Origins of Randomization in Experimental Design. *Isis* 79(3): 427–451.

Hacking, I. (1990). *The Taming of Chance*. Cambridge University Press.（イアン・ハッキング (1999)『偶然を飼いならす』, 石原英樹・重田園江（訳）, 木鐸社）

Hacking, I. (2006). *The Emergence of Probability*. 2nd edition. Cambridge University Press.（イアン・ハッキング (2013)『確率の出現』, 広田すみれ・森元良太（訳）, 慶應義塾大学出版会）

Hald. A. (1998). *A History of Mathematical Statistics from 1970 to 1930*. John Wiley & Sons.

Hald, A. (2003). *A History of Probability and Statistics and Their Applications Before 1750*. John Wiley & Sons.

Henderson, L. (2022). The Problem of Induction. *Stanford Encyclopedia of Philosophy*. https://plato.stanford.edu/entries/induction-problem.

Helmert, F. R. (1872). *Die Ausgleichungsrechnung nach der Methode der kleinsten Quadrate*. Teubner.

平石界・中村大輝 (2022)「心理学における再現性危機の 10 年―危機は克服されたのか, 克服され得るのか―」,『科学哲学』54(2): 27–50.

Hoel, P. G. (1971). *Introduction to Mathematical Statistics*. 4th edition. John Wiley & Sons.（P. G. ホーエル (1978)『入門数理統計学』浅井晃・村上正康（訳）, 培風館）

Hoel, P. G. (1976). *Elementary Statistics*. 4th edition. John Wiley & Sons.（P. G. ホーエル (1981)『初等統計学』浅井晃・村上正康（訳）, 培風館）

Howson, C. and Urbach, P. (2006). *Scientific Reasoning: The Bayesian Approach*. 3rd edition. Open Court.

Huberty, C. J. (1993). Historical Origins of Statistical Testing Practices: The Treatment of Fisher versus Neyman-Pearson Views in Textbooks.

The Journal of Experimental Education 61(4): 317–333.

Hume, D. (1739–40). *A Treatise of Human Nature.* （デイヴィッド・ヒューム (2019)『人間本性論 第 1 巻：知性について』木曾好能（訳），法政大学出版局）

Hume, D. (1748). *An Enquiry concerning Human Understanding.* （デイヴィッド・ヒューム (2020)『人間知性研究：付・人間本性論摘要』斎藤繁雄・一ノ瀬正樹（訳），法政大学出版局）

Huygens, C. (1669). The 1669 Correspondence with Ludwig about Mortality. In *Oeuvres Complètes*, vol. VI.

飯田隆 (2016)『規則と意味のパラドックス』，筑摩書房.

伊勢田哲治（2003）『疑似科学と科学の哲学』，名古屋大学出版会.

伊勢田哲治 (2018)『科学哲学の源流をたどる―研究伝統の百年史―』，ミネルヴァ書房.

石田正次（1960）「統計的推論に関するフィッシャーとネイマンの論争について」，『科学基礎論研究』5(1): 17–31.

Johnson, D. (1999). The Insignificance of Statistical Significance Testing. *The Journal of Wildlife Management* 63(3): 763–772.

Judd, C.M. and Gawronski, B. (2011) Editorial Comment. *Journal of Personality and Social Psychology* 100 (3): 406.

Krüger, R., L. J. Daston, and M. Heidelberger, (eds.) (1987) *The Probabilistic Revolution.* Vol.1, MIT Press. （R. クリューガー・L. ダーストン・M. ハイデルベルガー編著 (1991)『確率革命―社会認識と確率―』近昭夫ら（抄訳），梓出版社）

Kruskal, W. H. and Stigler, S. M. (1997). Normative Terminology: ʻNormal' in Statistics and Elsewhere. In B. D. Spencer (ed.), *Statistics and Public Policy*, 82–112. Clarendon Press.

Laplace, P. (1810). Mémoire sur les Approximations des Formules qui son Fonctions de trés grands nombres et sur leur Application aux Probabilités. *Mémories de l'Académie des sciences,* 1st série X: 353–415, 559–565.

Laplace, P. (1812). *Théorie Analytique des Probabilités. Courcier.* （ピエール・ラプラス (1986)『確率論』伊藤清・樋口順四郎（訳），共立出版）

Laplace, P. (1814). *Essai Philosophique sur les Probabilités.* （ピエール・ラプラス (1997)『確率の哲学的試論』内井惣七（訳），岩波書店）

Lécuyer, B. -P. (1987). Probability in Vital and Social Statistics: Quetelet, Farr, and the Bertillons. In L. Krüger, L. J. Daston and M. Heidelberger (eds.), *The Probabilistic Revolution: Ideas in History.* Vol. 1. MIT Press, 317–335. （ベルナール＝ピエール・レクイエ (1991)「生命・社会統計と確率―ケトレ，ファー，ベルティヨン父子―」，R. クリューガーほか編著『確率革命―社会認識と確率』近昭夫ら（抄訳），梓出版社，231–257）

Legendre, A. M. (1805). *Nouvelles Méthodes pour la Détermination des Orbites des Comètes.* Courcier. (English translation by H.A. Ruger and H.M. Walker in D.E. Smith (1929), *A Source Book of Mathematics.* McGraw-Hill Book Company)

Lehmann, E. L. (1993). The Fisher, Neyman-Pearson Theories of Testing Hypotheses: One Theory or Two? *Journal of the American Statistical Association* 88: 1242–1249.

Lehmann, E. L. (2011). *Fisher, Neyman, and the Creation of Classical Statistics.* Springer.

Lewontin, R. (1970). The Units of Selection. *Annual Review of Ecology and Systematics* 1: 1–18.

Lindley, D. V. (1957). A Statistical Paradox. *Biometrika* 44: 187–192.

Lindley, D. V. and Smith, A. F. M. (1972). Bayes Estimates for the Linear Model. *Journal of the Royal Statistical Society* B, 34(1): 1–41.

Lindquist, E. F. (1940). *Statistical Analysis in Educational Research.* Houghton Mifflin.

Lindquist, E. F. (1953). *Design and Analysis of Experiments in Psychology and Education.* Houghton Mifflin.

Lloyd, G. E. R. (1968). *Aristotle: The Growth and Structure of His Thought.* Cambridge University Press.（G. E. R. ロイド (1973)『アリストテレス—その思想の成長と構造—』, 川田殖（訳）, みすず書房）

Mayr, E. (1959). Typological versus Population Thinking. In B. J. Meggar (ed.) *Evolution and Anthropology: A Centennial Appraisal.* The Anthropological Society of Washington, 409–412. Reprinted in E. Mayr (1976), *Evolution and the Diversity of Life.* Harvard University Press, 26–29.

Mayr, E. (1976). *Evolution and the Diversity of Life.* Harvard University Press.

Mayr, E. (1997). *This is Biology: The Science of the Living World.* Harvard University Press.

McGrayne, S. B. (2011). *The Theory That Would Not Die: How Bayes' Rule Cracked the Enigma Code, Hunted Down Russian Submarines, and Emerged Triumphant from Two Centuries of Controversy.* Yale University Press.（シャロン・バーチュ・マグレイン (2013)『異端の統計学 ベイズ』富永星（訳）, 草思社）

McShane, B. B., Gal, D., Gelman, A., Robert C. and Tackett, J. L. (2019). Abandon Statistical Significance. *The American Statistician* 73(S1): 235–245.

三中信宏 (2015)『みなか先生といっしょに統計学の王国を歩いてみよう—情報の海と推論の山を越える翼をアナタに！—』, 羊土社.

三中信宏 (2018)『統計思考の世界—曼荼羅で読み解くデータ解析の基礎—』, 技術評論社.

三輪哲久 (2015)『実験計画法と分散分析』, 朝倉書店.

森元良太 (2015)「集団的思考—集団現象を捉える思考の枠組み—」,『哲学』134: 33–54.

森元良太 (2019)「擬人主義はましな科学的研究プログラムか—最節約性と統計的仮説検定に基づく議論—」,『哲学』142: 269–296.

森元良太 (2021a)「行動分析学の科学哲学的一試論—最節約性の観点から—」,『行動分析学研究』35(2): 165–176.

森元良太 (2021b)「統計学—統計数字の流布, 統計法則の発見, そして正規分布—」,『科学史事典』, 日本科学史学会編, 丸善出版, 128–139.

Morimoto, R. (2021). Stop and Think About *p*-Value Statistics: Fisher, Neyman, and E. Pearson Revisited. *Annals of the Japan Association for Philosophy of Science* 30: 43–65.

森元良太・田中泉吏 (2016)『生物学の哲学入門』, 勁草書房.

Morrison, D. E. and Henkel, R. E. (1970). *The Significant Test Controversy: A Reader.* New Brunswik.（D. E. モリソン・R. E. ヘンケル編 (1980)『統計的検定は有効か』内海庫一郎・杉森滉一・木村和範（訳）, 梓出版社）

Neyman, J. (1950). *The First Course in Probability and Statistics.* Holt.（J. ネイマン (1978)『ネイマン統計学』砂田吉一（訳）, 白桃書房）

Neyman, J. (1937). Outline of a Theory of Statistical Estimation Based on the Classical Theory of Probability. *Philosophical Transactions of the Royal Society of London* A, 236(767): 333–380.

Neyman, J. (1957). "Inductive Behavior" as a Basic Concept of Philosophy of Science. *Revue de l'Institut International de Statistique* 25: 7–22.

Neyman, J. (1961). Silver Jubilee of My Dispute with Fisher. *Journal of the Operations Research Society of Japan* 3: 145–154.

Neyman, J. (1977). Frequentist Probability and Frequentist Statistics. *Synthese* 36: 97–131.

Neyman, J. and Pearson, E. S. (1928a). On the Use and Interpretation of Certain Test Criteria for Purposes of Statistical Inference: Part I. *Biometrika* 20A: 175–240.

Neyman, J. and Pearson, E. S. (1928b). On the Use and Interpretation of Certain Test Criteria for Purposes of Statistical Inference: Part II. *Biometrika* 20A: 263–294.

Neyman, J. and Pearson, E. S. (1931). On the Problem of *k* samples. *Bulletin de Lacademie Polonaise des Sciences-Serie des Sciences de la Terre* A: 460–481.

Neyman, J. and Pearson, E. S. (1933a). On the Problem of the Most Efficient Tests of Statistical Hypothesis. *Philosophical Transactions of the Royal Society of London* A, 231: 289–337.

Neyman, J. and Pearson, E. S. (1933b). The Testing of Statistical Hypotheses in Relation to Probabilities *a Priori*. *Mathematical Proceedings of the Cambridge Philosophical Society* 24: 492–510.

Neyman, J. and Pearson, E. S. (1936). Contribution to the Theory of Testing Statistical Hypotheses. *Statistical Research Memoirs* 1: 1–37.

O'Donnell, T. (1936). *History of Life Insurance in Its Formative Years: Compiled from Approved Sources.* American Conservation Co.

Okamoto, T. (1988). Analysis of Heteromorph Ammonoids by Differential Geometry. *Palaeontology* 31(1): 35–52.

Okasha, S. (2002). *Philosophy of Science: Very Short Introduction.* Oxford University Press.（サミール・オカーシャ (2008)『科学哲学』, 廣瀬覚（訳）, 岩波書店）

小河原誠 (1997)『ポパー—批判的合理主義—』, 講談社.

Open Science Collaboration (2015). Estimating the Reproducibility of

Psychological Science. *Science* 349(6251): aac4716.

大塚淳 (2020)『統計学を哲学する』, 名古屋大学出版会.

Pearson, E. S. (1955). Statistical Concepts in the Relation to Reality. *Journal of the Royal Statistical Society* B17: 204–207.

Pearson, E. S. (1966). The Neyman-Pearson story: 1926–1934. In F. N. David (ed.), *Research Papers in Statistics: Festschrift for J. Neyman*. John Wiley.

Pearson, E. S. (1990). *"Student": A Statistical Biography of William Sealy Gosset*. Clarendon Press.

Pearson, K. (1894). Contributions to the Mathematical Theory of Evolution. *Philosophical Transactions of the Royal Society A*, 185: 71–110.

Pearson, K. (1895). Contributions to the Mathematical Theory of Evolution. II: Skew Variation in Homogeneous Material. *Philosophical Transactions of the Royal Society A*, 186: 343–414.

Pearson, K. (1896). Mathematical Contributions to the Theory of Evolution.-III. Regression, Heredity, and Panmixia. *Philosophical Transactions of the Royal Society A*, 187: 253–318.

Pearson, K. (1900). On the Criterion that a given System of Deviations from the Probable in the Case of a Correlated System of Variables is such that it can be reasonably supposed to have arisen from Random Sampling. *Philosophical Magazine* V: 157–175.

Pearson, K. (1924). *The Life, Letters and Labours of Francis Galton*. Volume 2. Cambridge University Press.

Peirce, C. S. and Jastrow, J. (1885). On Small Difference of Sensation. *Memoirs of the National Academy of Sciences* 3: 75–83.

Perezgonzalez, J. D. (2015). Fisher, Neyman-Pearson or NHST? A Tutorial for Teaching Data Testing. *Frontiers in Psychology* 6: 1–11.

Popper, K. (1959). *The Logic of Scientific Discovery*. Hutchinson.（カール・R・ポパー（1971–1972）『科学的発見の論理』上・下巻, 大内義一・森博共（訳）, 恒星社厚生閣）

Popper, K. (1963). *Conjectures and Refutations: The Growth of Scientific Knowledge*. Routledge.（カール・R・ポパー（1980）『推論と反駁——科学的知識の発展——』, 藤本隆志・石垣壽郎・森博（訳）, 法政大学出版局）

Porter, M. T. (1986). *The Rise of Statistical Thinking 1820–1900*. Princeton University Press.（T. M. ポーター（1995）『統計学と社会認識——統計思想の発展 1820–1900 年——』, 長屋政勝・木村和範・近昭夫・杉森滉一（訳）, 梓出版社）

Quetelet, A. (1835a). *Sur L'homme et le Développement de ses Facultés, ou Essai de Physique Sociale*. Tome 1. Bachelier.

Quetelet, A. (1835b). *Sur L'homme et le Développement de ses Facultés, ou Essai de Physique Sociale*. Tome 2. Bachelier.

Quetelet, A. (1845). Sur L'appréciation des Documents Statistiques, et en particulier sur L'appréciation des Moyennes. *Bulletin de la Commision Centrale de la Statistique* II: 205–286.

Quetelet, A. (1846). *Letters à S. A. R. Le Duc Régnant de Saxe-Cobourg et Gotham sur la Theorie des Probabilitiés, Appliquée aux Sciences*

Morales et Politiques. Hayez.

Quetelet, A. (1869). *Physique Sociale ou sur le Développment des Facultés de L'homme.* Brussels.

Ramsey, F. P. (1926). Truth and Probability. In R. B. Braithwaite (ed.), *The Foundations of Mathematics and other Logical Essays.* Kegan Paul, Trübner & Co. 156–198.

Reutlinger, A. (2019). Ceteris Paribus Laws. *Stanford Encyclopedia of Philosophy.* https://plato.stanford.edu/entries/ceteris-paribus.

Romeijn, J.-W. (2011). Inductive Logic and Statistics. In P. S. Bandyopadhyay, M. R. Foster, D. M. Gabby, P. Thagard, and Woods, J. (eds.), *Philosophy of Statistics.* North Holland, 625–650.

Rosenberg, A. (2005). *Philosophy of Science: A Contemporary Introduction.* 2nd edition. Routledge.（アレックス・ローゼンバーグ (2011)『科学哲学—なぜ科学が哲学の問題になるのか—』東克明・森元良太・渡部鉄兵（訳），春秋社）

Rubin, M. (2020). "Repeated Sampling from the Same Population?" A Critique of Neyman and Pearson's Responses to Fisher. *European Journal for Philosophy of Science* 10, Article 42: 1–15.

Salsburg, D. (2001). *The Lady Tasting Tea.* Henry Holt and Company.（デイヴィッド・サルツブルグ (2006)『統計学を拓いた異才たち』，竹内惠行・熊谷悦生（訳），日本経済新聞社）

Savage, L. J. (1954). *The Foundations of Statistics.* John Wiley & Sons.

芝村良 (2004a)『R. A. フィッシャーの統計理論—推測統計学の形成とその社会的背景—』，九州大学出版会.

芝村良 (2004b)「イギリス数理統計学ゆかりの地を訪ねて」，『統計学』，86: 66–70.

椎名乾平 (2013)「七つの正規分布」，『心理学評論』，56(1): 7–34.

椎名乾平 (2016)「相関係数の起源と多様な解釈」，『心理学評論』，59(4): 415–444.

清水良一 (1976)『中心極限定理』，新曜社.

Sober, E. (1980). Evolution, Population Thinking, and Essentialism. *Philosophy of Science* 47: 350–83.

Sober, E. (2000). *Philosophy of biology.* 2nd edition. Oxford University Press.（エリオット・ソーバー (2009)『進化論の射程—生物学の哲学入門—』松本俊吉・網谷祐一・森元良太（訳），春秋社）

Sober, E. (2008). *Evidence and Evolution.* Cambridge University Press.（エリオット・ソーバー (2012)『科学と証拠—統計学の哲学 入門—』松王政浩（抄訳），名古屋大学出版会）

Sober, E. (2015). *Ockham's Razors: A User's Manual.* Cambridge University Press.（エリオット・ソーバー (2021)『オッカムのかみそり—最節約性と統計学の哲学—』，森元良太（訳），勁草書房）

Spielman, S. (1974). The Logic of Tests of Significance, *Philosophy of Science* 4(3): 211–226.

Sprenger, J. (2007). Statistics between Inductive Logic and Empirical Science. *Journal of Applied Logic* 7(2): 239–250.

Stigler, S. M. (1980). Stigler's Law of Eponymy. *Transactions of the*

New York Academy of Sciences 39: 147–158.

Stigler, S. (1986). *The History of Statistics: The Measurement of Uncertainty before 1900.* Harvard University Press.

Stigler, S. M. (1999). *Statistics on the Table: The History of Statistical Concepts and Methods.* Harvard University Press.

Stroebe, W., Postmes, T., and Spears, R. (2012). Scientific Misconduct and the Myth of Self-Correction in Science. *Perspectives on Psychological Science* 7(6): 670–688.

Student. (1908). The Probable Error of a Mean. *Biornetrika* 6: 1–25.

Süssmilch, Johan Peter (1741). *Die göttliche Ordnung in den Veränderungen des menschlichen Geschlechts aus der Geburt, dem Tode und der Fortpflanzung desselben erweisen.*

田邉國士 (2007)「ポスト近代科学としての統計科学」『数学セミナー』46(11): 44–49.

Tayler, John R. (2000)『計測における誤差解析入門』林茂雄・馬場涼 (訳), 東京科学同人.

The editors of the IMS Bulletin. (1988). The Reverend Thomas Bayes, F.R.S. –1701?–1761 Who Is This Gentleman? When and Where Was He Born? *The IMS Bulletin* 17(3): 276–278.

戸田山和久 (2005)『科学哲学の冒険』, 日本放送出版協会.

Todhunter, I. (1865). *A History of the Mathematical Theory of Probability from the Time of Pascal to that of Laplace.* Macmillan. (アイザック・トドハンター (2002)『確率論史—パスカルからラプラスの時代までの数学史の一断面—』安藤洋美 (訳), 現代数学社)

Trafimow, D. and Marks, M. (2015). Editorial, *Basic and Applied Social Psychology* 37: 1–2.

内井惣七 (1995)『科学哲学入門—科学の方法・科学の目的—』, 世界思想社.

Wagenmakers. E.-J., Wetzels. R., Borsboom, D., and van der Maas, H. L. J. (2011). Why psychologists must change the way they analyze their data: The Case of Psi: Comment on Bem (2011). *Journal of Personality and Social Psychology* 100: 426–432.

Walker, H. M. (1929). *Studies in the History of Statistical Method: With Special Reference to Certain Educational Problems.* Williams & Wilkins.

Wasserstein, R. and Lazar, N. (2016). The ASA's Statement on *p*-Values: Context, Process and Purpose. *The American Statistician* 70(2): 129–133. (日本計量生物学会 (訳) (2017)「統計的有意性と P 値に関する ASA 声明」: 1–5)

Wasserstein, R., Schirm, A., and Lazar, N. (2019). Editorial. Moving to a World Beyond "$p < 0.05$". *The American Statistician* 73(S1): 1–19.

Weldon, W. F. R., Pearson, K., and Davenport, C. B., (1901). Editorial: The Spirit of Biometrika. *Biometrika* 1(1):3–6.

Wood, T. B. and Stratton, F. J. M. (1910). The Interpretation of Experimental Results. *Journal of Agricultural Science* 3: 417–440.

萬屋博喜 (2018)『ヒューム　因果と自然』, 勁草書房.

索 引

英数字

2 種類の過誤, 128, 129, 131, 136,
　137, 143, 150, 161, 162, 166,
　167
　　──の源, 123
　　──の優劣, 136, 138
p 値, iii, iv, 92, 97, 98, 101, 104,
　106, 107, 110–113, 118–121,
　154, 157, 164
t 分布, 94, 113, 114

ア

アッヘンヴァル, G., 11
アリストテレス, 53–57, 73, 75, 79
アンドリューズとフス, 131, 167

意思決定, 51, 109, 123–125, 129,
　149, 150, 153, 156, 159
異常, 53–57, 68, 73, 74, 79
一致性, 12, 96
一般化, 3, 6, 11, 23, 24, 145
遺伝, 76, 80, 82, 86, 88, 89, 115
意味論, 37

ウェイゲンメーカーズ, E.-J., 99
ウェルドン, R., 88
受け入れ検査, 148, 152, 155
受け入れ手続き, 148, 157

エッジワース, F. Y., 87
エディプス・コンプレックス, 32, 33
演繹, 5, 6, 12–14, 19–21, 29–34,
　128, 145

オープン・サイエンス・コラボレー
　ション, 100

カ

回帰, 82
階層ベイズ, 51

カイ二乗検定, 88, 92, 113
ガウス, C. F., 58, 59, 61–63, 66,
　74, 85, 115
　　　　──分布, 58, 63, 66, 74, 84,
　　114
　　　　── –ラプラスの統合, 64, 65,
　　74
科学哲学, iv, v, 155, 156, 168
学習の方法, 157, 159
確証, 24, 25, 27, 28, 46
確率誤差, 113–115, 154
確率分布, 18
確率変数, 18, 62, 65
仮想的な無限母集団, 95
関数方程式, 61

ギガレンツァ, G., 102, 103, 161,
　163, 164
棄却, 98, 106, 108–111, 115,
　118–121, 123–125, 127–135,
　143, 148, 149, 157, 159, 161,
　163, 167
　　　　──域, 112, 123, 125, 141,
　　142
疑似科学, 32
帰納, v, 3, 7, 8, 12–17, 19–21, 24,
　26, 28, 32–34, 40, 45, 46, 51,
　103, 128, 145, 156, 157, 165,
　166
　　　　──行動, 144–146, 148, 157,
　　159
　　　　──の新しい謎, 28
帰謬法, 19
帰無仮説, iii, 98, 104, 107–111,
　115, 118, 120, 121, 127, 128,
　131, 134, 135, 143, 149–151,
　162
帰無仮説有意性検定, 97, 99, 101,
　103, 110, 119, 121, 160, 161,
　164, 166

180 | 索 引

——の誤解と誤用, 100–103, 160, 164
局所管理, 115
虚構, 72, 74
ギルフォード, J. P., 163

クインカンクス, 82–84, 86
グッド, I. J., 39, 51
グッドマン, N., 16, 22, 24, 25, 27, 28
グラント, J., 6–10
繰り返し, 115, 116
繰り返し抽出, 144, 151, 153, 154
グルーのパラドックス, 22, 26, 27
クーン, T., 33

継起の規則, 50
系統誤差, 59, 115, 116
ケトレー, A., 66–68, 70–74, 79, 84
ゲルファンド, A., 52
研究伝統, 33
研究プログラム, 33, 159
検出力, 12, 98, 119, 139, 141
検証, 25, 29–32

後件肯定の誤謬, 31
誤差論, 57, 58, 60, 63, 64, 66–69, 71, 74, 75, 80, 115, 116, 154
——的思考, 53, 63, 64, 72, 74, 83–86, 96, 165, 166
ゴセット, W., 88, 93, 94, 104, 113, 114, 122
骨相学, 158, 159
ゴールトン, F., 75, 79–86, 88, 92, 93, 96, 115, 166
混成理論, 102, 103, 160, 163, 164

サ
最強力検定, 142
再現性の問題, 98, 102
最小二乗法, 58, 59, 61, 63, 64
採択, 98, 110, 118, 119, 123–125, 128–135, 143, 144, 148, 149, 155, 157, 161, 163, 167
最尤推定法, 103
サヴェッジ, L. J., 51
サルツブルグ, D., 91
サンプルサイズ, iv, 93, 96, 99, 113, 120, 121

事後確率, 25, 38, 41, 44–46, 50, 99, 105, 164
事前確率, 25, 38, 43, 48, 99, 105, 106
自然状態モデル, 56, 57, 75
自然選択, 76–78, 89
自然の斉一性, 18, 19, 21, 46, 47
実験計画, 115–117, 119, 128
実在, 72, 74, 83–85, 152, 156
社会物理学, 66, 68, 70
集団的思考, 79, 84–86, 88, 96, 115, 165, 166
十分性, 96
条件付き確率, 34
証拠の強さ, 120, 121
小標本, 93, 94, 113
進化論, 79, 88, 166
真値, 58, 60, 61, 63–65, 71–73, 84, 85
信念更新, 38
信念の度合い, 37, 48, 50, 51
真理保存性, 4, 14

推定量, 12, 95
数理統計学, iii, 11, 12, 15, 93
ステューデント, 94, 95
スミス, A. F. M., 51

正規分布, 12, 58, 75, 84, 87–91, 94, 109, 111–114
正常, 53–57, 68, 73, 74, 79, 84–87
——と異常の区別, 53–55, 57, 73, 74
全確率の法則, 37, 49
尖度, 90

相関, 81, 82, 88, 104
ソーバー, E., 56, 79, 120, 146, 158, 159, 168

タ
第 I 種の過誤, 129–134, 136–138, 142, 143, 150, 154, 155, 157, 162
第 II 種の過誤, 129–132, 134, 136–138, 141, 142, 144, 150, 157, 162
大標本, 93, 122

対立仮説, 98, 110, 119, 123, 126, 128, 129, 131, 134, 136, 138, 142–144, 150, 151
ダーウィン, C., 53, 54, 75, 76, 79, 84, 88, 166
ダッチブック論証, 51
田邉國士, 15, 166
単純仮説, 123, 135, 138, 150

中心極限定理, 12, 63, 153

定誤差, 59
適応度, 76
適合度, 106
——基準, 92
デ・フィネッティ, B., 51

統計量, 95, 98, 104, 109, 118, 143
投射可能, 28
独立同一分布, 18, 43
ド・モアブル, A., 64, 65
——＝ラプラスの定理, 65

ナ
二項分布, 43, 45, 58, 64–66, 74, 75, 109
ニュートン力学, 5, 86
人間の経験, 153, 159
認識論, 37

ネイマン, J., 15, 88, 91, 97, 102, 103, 110, 122–127, 129, 131, 134, 136, 137, 142, 143, 145–148, 150, 153–157, 159, 160, 162, 164, 167
—— –ピアソンの補題, 138, 143, 151
—— –ピアソン流の仮説検定, v, 92, 97, 102–104, 108, 110, 119, 122–124, 127, 128, 131, 136, 138, 142–145, 147, 148, 150, 152–157, 160, 162–164
ネオ・ベイズ主義, 51

ハ
背理法, 19, 20
ハウスン, C. とアーバック, P., 120
バタチャリヤ, G. K. とジョンソン,

R. A., 132, 134, 135, 164
ハッキング, I., 70, 73, 86
パラダイム, 33
反確証, 25
反証, 29–33, 159
反証可能性, 32, 33

ピアソン, E., 15, 88, 91, 97, 102, 103, 110, 122, 124–127, 129, 134, 136, 137, 142–144, 148, 150, 154, 155, 157, 159, 160, 162, 164, 167
ピアソン, K., 88–93, 104, 113, 115, 122
ヒューム, D., 16, 17, 19–21, 27, 29, 34, 40, 45–47
ヒュームの懐疑, 17, 34, 40, 49, 51
標準正規分布, 111
標準偏差, 111–115, 154
標本, 12, 91–96, 105, 106, 109, 123, 126–129, 145, 152, 153
頻度主義, 154

フィッシャー, R., 12–15, 38, 60, 87, 88, 91–97, 102–110 , 112–121, 123, 127, 128, 138, 144–147, 149, 151–160 , 162, 164
——流の有意性検定, v, 92, 97, 102–104, 106–110 , 115, 117–119, 121, 123–125, 128, 144–150, 155, 156, 159–161, 163, 164
複合仮説, 123, 135, 136
プライス, R., 34, 35, 40, 41, 46–48
フロイトの精神分析, 32
分散, 96
分散分析, 87, 103, 106

平均人, 67–70, 73, 74, 84
ベイズ, T., 34, 35, 40–42, 45–47, 49, 105
——主義, 25, 29, 34, 37, 38, 40, 50, 51, 105, 106, 149, 164
——の定理, 34, 36, 37, 40, 44, 45, 48, 49, 99
ペティ, W., 8, 10
ベム, D. J., 98–100

索 引

ベルヌーイ試行, 43
変異, 53, 76, 77, 80, 83–85, 96

ホイヘンス, C., 10
ホイヘンス, L., 10
ホーエル, P. G., 132, 134, 164
母集団, 12, 91–96, 104–106, 109,
　111, 113, 122, 123, 126–128,
　144, 145, 151–154
ポパー, K., 29–34, 51, 156
　――の反証主義, 146, 149, 156
保留, 124, 125, 133, 143, 148, 167
本質, 56, 57, 73

マ
マイア, E., 79
マグレイン, S. B., 45, 46
マルコフ連鎖モンテカルロ法, 52

命題と人, 158–160, 164

モードゥス・トレンス, 2, 30, 146
モードゥス・ポネンス, 2
モーメント（積率）, 90

ヤ
有意水準, iii, 12, 98, 104, 110,
　112–114, 118–120, 138, 141,
　143, 144, 154, 161

有効性, 12, 96
尤度, 103–106
歪んだ分布, 89, 90
ユール, U., 88

予測, 3, 6, 11, 22, 23, 26–28

ラ
ラウダン, L., 33
ラカトシュ, I., 33
ラプラス, P., 49, 50, 58, 59, 63–66
　――–ガウス分布, 58, 63, 74
ラムジー, F., 51
ランダム化, 60, 103, 115–118
ランダム誤差, 59, 60, 92, 115, 116
ランダム抽出, 91, 92, 95, 113, 127,
　128, 152

リンドクィスト, E., 161, 162, 164
リンドレー, D., 51, 120

ルジャンドル, A. M., 58, 59, 74
ルービン, M., 151, 153

レーマン, E., 104

ワ
歪度, 90

著者紹介

森元 良太 （もりもと りょうた）

北海道医療大学准教授

2003年3月　慶應義塾大学大学院文学研究科前期博士課程修了

2007年3月　慶應義塾大学大学院文学研究科後期博士課程単位取得後退学

2014年3月　哲学博士（慶應義塾大学）取得

2014年4月　北海道医療大学講師

2019年4月より現職

主要著書

『進化論の射程』（共訳，春秋社，2009年）

『進化論はなぜ哲学の問題になるのか』（共著，勁草書房，2010年）

『ダーウィンと進化論の哲学』（共著，勁草書房，2011年）

『科学哲学』（共訳，春秋社，2011年）

『入門 科学哲学』（共著，慶應義塾大学出版会，2013年）

『確率の出現』（共訳，慶應義塾大学出版会，2013年）

『生物学の哲学入門』（共著，勁草書房，2016年）

『オッカムのかみそり』（単訳，勁草書房，2021年）

『生物学者のための科学哲学』（共訳，勁草書房，2023年）

装丁・組版　藤原印刷

編集　高山哲司

■本書に記載されている会社名・製品名等は、一般に各社の登録商標または商標です。本文中の ©、®、TM 等の表示は省略しています。

■本書を通じてお気づきの点がございましたら、reader@kindaikagaku.co.jp までご一報ください。

■落丁・乱丁本は、お手数ですが（株）近代科学社までお送りください。送料弊社負担にてお取替えいたします。ただし、古書店で購入されたものについてはお取替えできません。

統計スポットライト・シリーズ 7

統計学再入門
科学哲学から探る統計思考の原点

2024 年 9 月 30 日　　初版第 1 刷発行
2025 年 1 月 31 日　　初版第 4 刷発行

著　者　　森元 良太
発行者　　大塚 浩昭
発行所　　株式会社近代科学社
　　　　　〒101-0051 東京都千代田区神田神保町 1 丁目 105 番地
　　　　　https://www.kindaikagaku.co.jp

・本書の複製権・翻訳権・譲渡権は株式会社近代科学社が保有します。
・ JCOPY ＜（社）出版者著作権管理機構 委託出版物＞
本書の無断複写は著作権法上での例外を除き禁じられています。複写される場合は，そのつど事前に（社）出版者著作権管理機構(https://www.jcopy.or.jp, e-mail: info@jcopy.or.jp)の許諾を得てください。

© 2024 Ryota Morimoto
Printed in Japan
ISBN978-4-7649-0707-2
印刷・製本　　藤原印刷株式会社